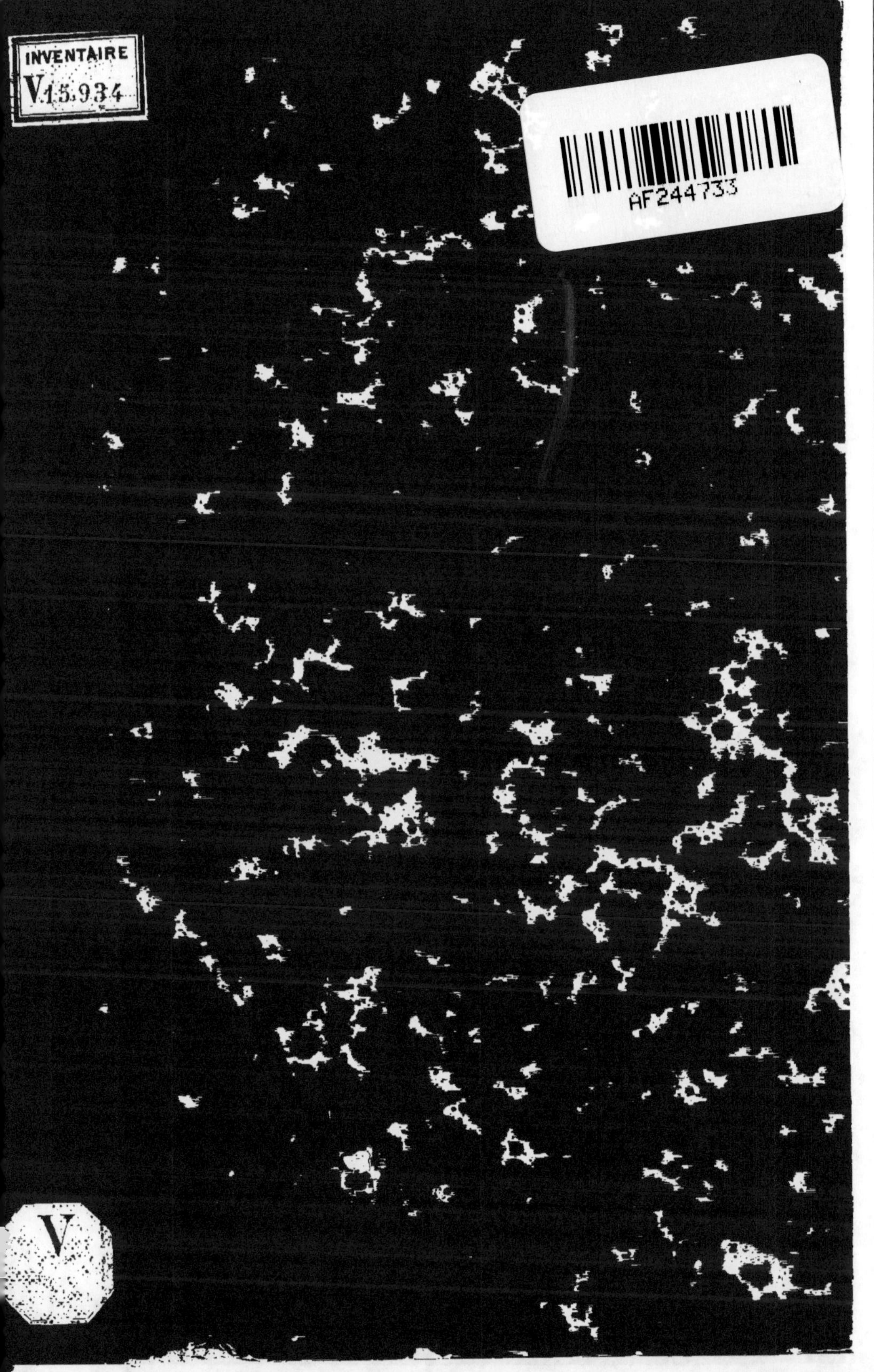
INVENTAIRE
V.15.934
AF244733
V

(Pages 1 à 48.)

15934

ENCYCLOPÉDIE ILLUSTRÉE

DES

INVENTIONS ET DÉCOUVERTES

DANS LES

SCIENCES, L'INDUSTRIE, LES ARTS ET MANUFACTURES

Abbeville. — Imprimerie de P. Briez.

ENCYCLOPÉDIE ILLUSTRÉE

DES

INVENTIONS

ET

DÉCOUVERTES

DANS LES

SCIENCES, L'INDUSTRIE, LES ARTS ET MANUFACTURES

CONTENANT

L'HISTORIQUE DES DÉCOUVERTES DANS LES SCIENCES PHYSIQUES ET NATURELLES
L'ORIGINE, LA DESCRIPTION ET L'EXAMEN

Des **Arts mécaniques qui fournissent les matières premières** (Exploitation des Mines, Carrières
Zootechnie, Pisciculture, Viticulture, etc.)

1° Des **Arts et Industries qui préparent les matières premières** (Fabriques
Manufactures, Usines)

3° Des **Industries qui mettent en œuvre les matières préparées** (Arts alimentaires,
Fabrication des Boissons; Arts du Bâtiment et de l'Ameublements; Art Céramiques;
Fabrications des Instruments. Outils, Machines, etc., etc.)

AVEC DE NOMBREUSES NOTICES BIOGRAPHIQUES

SUR LES SAVANTS, LES AUTEURS DE DÉCOUVERTES ET INVENTIONS, DEPUIS
L'ANTIQUITÉ JUSQU'A NOS JOURS

PAR LE

DOCTEUR BENESTOR LUNEL

Membre des Académies impériales des Sciences de Caen, de Chambéry, etc.; ancien Médecin commissionné par le Gouvernement pour l'épidémie cholérique de 1854
Membre honoraire et Secrétaire perpétuel de la Société des Sciences industrielles, Arts et Belles-Lettres de Paris

---

TOME PREMIER

PARIS

CHEZ L'AUTEUR, RUE MAZARINE, 41

1864

AU LECTEUR

Lorsqu'en 1855, l'univers entier concentrait dans un seul Monument les conquêtes du du génie de l'homme, nous fûmes chargé par l'*Académie des Arts-et-Métiers* de lui rendre compte de cette majestueuse exhibition des Produits de la science et de l'Industrie.

Les Notes que nous recueillîmes, à l'effet de justifier la haute faveur dont nous étions l'objet, furent considérables; complétées par le travail de cabinet, elles constituèrent des documents si nombreux, que nous conçûmes alors l'idée de les publier. Aujourd'hui que les progrès des Sciences et de l'Industrie n'ont cessé d'étonner le monde par la hardiesse de leurs conceptions, ce n'est plus le tableau des fastes d'une époque que nous voulons présenter, mais bien le *Panorama* vivant des découvertes dans les Sciences, l'Industrie, les Arts et les Manufactures.

Un tel livre n'est pas seulement intéressant au point de vue de la science; il est encore utile au point de vue humanitaire, puisque chacune de ses pages démontre que la prospérité que les nations fondent sur le travail est indestructible, et qu'elle devient la source du plus grand bien-être auquel l'homme puisse aspirer. En effet, sous l'influence des découvertes dans les Sciences, les Arts et l'Industrie, la Civilisation a marché, et il ne lui reste plus, pour lui donner le sublime de l'idéal, qu'à déraciner les restes de l'ignorance et des préjugés.

Nul ne peut mettre en doute que l'industrie, et par suite le commerce auquel elle donne lieu, ne soit une cause essentielle de progrès, car ses résultats palpables et incontestés sont les richesses nationales, les capitaux en circulation, l'augmentation du revenu public, de l'aisance de la population et de la puissance relative de l'État, qui s'élève par ce moyen au plus haut degré de splendeur.

Ces bienfaits sérieux de l'industrie ne datent pourtant que de notre époque, si féconde en merveilles. Comme l'a dit Son Excellence M. le ministre de l'Instruction publique :

« Nous avons vu de nos jours naître la grande industrie et se former une richesse im-
« mense qu'autrefois on ne connaissait pas. En face de la propriété foncière, il existe
« maintenant pour quatre-vingts ou cent milliards de valeurs mobilières, au lieu des
« vingt-cinq à trente milliards qui formaient notre avoir mobilier en 1830. La France
« a bien, aujourd'hui, 150,000 usines, 1,500,000 ouvriers de fabrique, sans compter cinq
« millions d'hommes et de femmes occupés par la petite industrie et le commerce, et
« 500,000 chevaux-vapeur, qui peuvent représenter le travail de dix millions d'hommes,
« et ses échanges se sont élevés, en 1861, à cinq milliards cinq cents millions!

« Ce grand labeur, c'est la main qui l'exécute, mais c'est la tête qui l'a conçu et
« dirigé. Il n'a pas exigé seulement une dépense de force, mais une dépense d'esprit [1]. »

Eh bien ! c'est le résultat de ce *grand labeur*, fruit des veilles de nombreux esprits d'élite, de patients et laborieux inventeurs, que nous exposons *impartialement* dans notre Encyclopédie. Quelques réputations usurpées pourront y perdre, mais nous déclarons que les travaux sérieux n'auront qu'à y gagner.

Dr B. LUNEL.

---

[1] *Circ. aux Recteurs*, relative à l'enseignement professionnel, octobre 1863.

ENCYCLOPÉDIE

DES

INVENTIONS ET DÉCOUVERTES

ARCHIMÈDE, le plus célèbre mathématicien de l'antiquité, né à Syracuse en 287 avant J.-C. On doit au génie de ce grand homme, la *moufle*, la *vis sans fin*, la *vis creuse*, dite *vis d'Archimède*, le *cric* ; on lui attribue encore l'invention des *miroirs ardents*, dont il se servit pour brûler la flotte des Romains au siége de Syracuse ; 2° des *grappins*, au moyen desquels il faisait chavirer les vaisseaux ennemis à de grandes distances. Ses idées sur la force des leviers étaient telles, qu'il dit un jour à Hérion roi de Syracuse : *Donnez-moi un point d'appui et je soulèverai le monde.*

Archimède est l'auteur de cette fameuse loi, dit *Principe d'Archimède* : « *Tout corps plongé dans un fluide, perd de son poids, le poids du fluide qu'il déplace.* » C'est pendant qu'il était au bain qu'il trouva la solution de ce fameux problème d'aréométrie. Enthousiasmé de cette découverte, il sortit du bain tout nu, et courut dans la ville en criant partout : *Eureka* (Je l'ai trouvé !)

Archimède est le premier géomètre qui ait déterminé le rapport du diamètre à la circonférence du cercle ; il y employa les polygones inscrits et circonscrits de 96 côtés chacun, et trouva que ce rapport devait être compris entre 3,1428 et 3,1408.

Pendant le siége de Syracuse, les Romains ayant pénétré dans la ville par surprise. Archimède, tout occupé de la solution d'un problème, ne s'en aperçut pas, et fut tué par un soldat envoyé pour le chercher, et qui s'irrita de ne pouvoir s'en faire écouter . (212 avant Jésus-Christ.)

ACUPUNCTURE. Moyen thérapeutique consistant à faire pénétrer lentement une ou plusieurs aiguilles dans des tissus qui sont le siége de douleurs ou de maladies. Cette opération, inconnue aux Grecs, aux Latins et aux Arabes, est pratiquée depuis la plus haute antiquité , en Chine et au Japon, où elle désignée sous le nom de *zinking* ; elle constitue même, dans ces contrées, dit Requin, l'une des principales ressources de la médecine contre un grand nombre de cas très-vaguement déterminés, qui paraissent appartenir en général au cadre des affections nerveuses et rhumatismales. On s'y sert d'aiguilles très-fines, qu'on introduit à travers la peau et au-delà, soit en les poussant directement, soit en les tournant entre les doigts, soit en les frappant avec un petit maillet ; ces aiguilles sont quelquefois d'or ou d'argent, mais le plus souvent elles sont en acier ; et ce qu'il y a de curieux, c'est que le Japon tire de la Hollande ce genre d'instruments. Les médecins chinois et Japonais, qui sont fort ignorants en anatomie, se règlent uniquement sur les principes d'une routine aveugle par rapport au choix des endroits où il faut enfoncer les aiguilles, au degré de profondeur jusqu'où elles peuvent pénétrer, et à la direction qu'elles doivent recevoir ; ils reconnaissent, dit-on, sur la surface du corps humain trois cent-soixant-sept points susceptibles d'acupuncture ; sous ce rapport, ils semblent avoir été éclairés par l'expérience des dangers d'introduire les aiguilles au-dessus des tendons, des principaux nerfs, des gros vaisseaux et des organes importants. Au reste, l'extrême ténuité des aiguilles semble garantir de toute conséquence funeste les piqûres les plus profondes, même celles qui intéressent les viscères, à en croire du moins les expériences de quelques médecins comtemporains. — Le docteur Bretonneau, de Tours, fit pénétrer profondément une aiguille dans le cerveau de six jeunes chiens, traversa de part en part le poumon d'autres animaux, perça des artères de tout calibre, sans jamais voir survenir aucun accident consécutif. On a pu impunément piquer le cœur d'un chien avec une aiguille très-fine Les Japonais, d'ailleurs, quand le fœtus fatigue la mère par la violence de ses mouvements, n'hésitent pas à pousser l'acupuncture jusqu'à lui traverser l'uterus, afin de l'obliger à rester en repos. Il est bon néanmoins de remarquer que l'histoire de l'art nous offre beaucoup de cas où les accidents les plus graves, et même la mort, ont succédé aux piqûres des organes importants.

Le chirurgien hollandais Ten-Rhyne, qui publia à Londres, en 1683, un mémoire sur l'acupuncture, paraît avoir importé en Europe la première idée de cette opération, qui y eut d'abord peu de crédit. Vicq d'Azyr rappela l'attention sur elle ; mais ce n'est qu'en 1821, qu'elle commença à être pratiquée par les médecins français et vantée par Béclard, Jules Cloquet, Bretonneau, Dance, etc. Elle excita d'abord un vif enthousiasme dans le monde médical, et fut même préconisée par quelques-uns comme une panacée universelle ; mais l'expérience en accumulant des faits pour et contre, fit succéder à l'enthousiasme l'indifférence et l'abandon, sans doute à tort ; car des essais plus prolongés auraient appris à distinguer les cas dans lesquels l'acupuncture est efficace de ceux où elle est inutile, peut-être même dangereuse.

Aux effets produits par l'acupuncture, le docteur Sarlandière a imaginé de joindre ceux de l'électricité ; cette opération complexe a pris le nom d'*electro-puncture*.

OMNIBUS. Voitures de transport en commun, établies à Paris, pour la première fois, en 1828, bien qu'un service de voitures en commun ait été organisé, d'après l'idée de Pascal, en 1672. Les voitures dites omnibus sillonnent la ville dans tous les sens et correspondent entre elles. De plus, toutes les lignes ont des impériales à moitié prix des places d'intérieur, c'est-à-dire à 15 centimes. Seulement, nous dirons que la police devrait exiger que les bancs de ces impériales fussent en tringles de fer ou en treillage, afin qu'ils ne soient pas constamment humides pendant les pluies, et par cela même fort dangereux pour la santé de ceux qui s'y placent.

PAPIN, savant Français, né en 1647, inventeur d'une machine appelée *Digesteur propre à faire cuire toutes sortes de viandes en fort peu de temps*, et dont il publia la description en 1682, En 1707, il construisit un *bateau à roues, mues par une machine à vapeur*. Il décrivit cette merveilleuse invention dans un *mémoire sur l'emploi de la vapeur d'eau, comme moteur universel*, mais il fut incompris de ses comtemporains. Il mourut en 1710.

ÉCOLE POLYTECHNIQUE. Cette école, d'où sont sorties la plupart de nos illustrations militaires, de nos ingénieurs hydrographes, etc., fut créée par un décret de la Convention du 7 vendémiaire an III (28 sept. 1794), sur la proposition de Monge et de Fourcroy, et porta d'abord le titre d'*Ecole centrale des travaux publics*. La loi du 1er septembre 1795 la réorganisa et lui donna le nom qu'elle porte aujourd'hui. Son organisation a été modifiée successivement par diverses lois et ordonnances, notamment par celles de 1830 et 1832, qui l'ont mise dans les attributions du ministre de la guerre, et enfin par le décret du 1er novembre 1852, auquel elle est soumise actuellement.

DIONNE (Joseph), à Joigny (Yonne), auteur de procédés de conservation des pâtisseries.

L'art du pâtissier n'était pas ignoré des anciens : Athènes et Rome connurent toutes les délicatesses du palais. Plus tard, les cuisiniers italiens qui suivirent en France Catherine de Médicis, imaginèrent les *macarons*, les *gâteaux de Milan*, etc. Enfin le talent d'Avice et de Carême achevèrent d'élever l'art de la pâtisserie à son plus haut degré.

Jusque-là, rien n'avait été fait pour la conservation des pâtisseries. Sous ce rapport, les procédés de Mr Dionne, de Joigny, ont obtenu le plus grand succès. Le *Journal des travaux de l'Académie nationale*, apprécie ainsi ces procédés de conservation.

« Au mois de novembre 1861, M. Dionne a envoyé plusieurs objets de pâtisseries auxquels il a donné son nom : ils ont été goûtés 4 mois après leur expédition, et l'épreuve a été entièrement favorable. Ces produits sont en outre remarquables par leur délicate préparation, leur finesse et leur forme attrayante. »

Les biscuits de Bourgogne de la maison Dionne, ont la précieuse propriété de ne pas se délayer lorsqu'on les trempe dans le liquide, comme cela a généralement lieu pour les biscuits de Reims, et les biscuits glacés. Aussi ces produits conservés ont-ils obtenu des récompenses des Expositions de l'Industrie et des corps savants, auxquels les a soumis leur auteur.

ROY (Joseph) de Mulhouse (Haut-Rhin)

NOUVEAU DÉSINFECTANT ROY

Les substances dont on se sert ordinairement pour absorber, détruire ou neutraliser les gaz méphitiques, les émanations infectes sont : les *acides*, et notamment les *acides nitrique* ou *azotique* et *chlorydrique*, qui doivent être employés pour combattre les émanations ammoniacales ; les *acides nitreux* et *sulfureux*, qui ont pour effet de décomposer les substances organiques ; 2° le *chlore* et les *chlorures de chaux, de soude* ou *de potasse*, qui sont les meilleurs désinfectants connus ; 3° les *alcalis*, tels que l'*ammoniaque*, la *chaux vive*, la *soude*, la *potasse*, qui ont pour effet de neutraliser l'action des acides malfaisants, par exemple, de l'acide carbonique. Ces divers désinfectants s'emploient en fumigations ou en lavages. On emploie aussi comme désinfectants la poudre de *charbon* et de *plâtre*, les *cendres* de houille ou de bois, le *mâchefer pulvérisé*, la *tourbe* non calcinée : ces poudres, en absorbant les produits gazeux qui s'échappent des matières animales en décomposition, arrêtent aussi les émanations fétides. On les projette en couche plus ou moins épaisse sur les matières que l'on veut désinfecter temporairement.

Dans la composition du nouveau désinfectant de M. Roy, entre un sulfate de zinc, préparé par l'auteur, au moyen de la *blende* (sulfate de zinc), qui se convertit par le grillage, en sulfate, ce sel cristallise comme le sulfate de magnésie, en prisme à quatre pans, terminée par des pyramydes à quatre faces, contenant 7 équivalents d'eau. Sa saveur est astringente, styptique. Il se dissout dans 4 parties d'eau froide. Soumis à l'action de la chaleur, il se fond dans son eau de cristallisation. A la chaleur rouge, il perd toute son eau : il se dégage de l'acide sulfurique anhydre, de l'acide sulfureux et de l'oxygène. Calciné avec du charbon, il se convertit particulièrement en sulfure. Voici sa formule chimique.

$$Zn\,O,\ SO^3 - 506,561\ (ZnO)$$
$$501,161\ (SO^3)$$
$$1007.722 = 1\ \text{équivalent du sulfate de zinc réel.}$$

Quelques grammes de ce désinfectant, pour un litre d'eau, suffisent pour la désinfection des latrines, des substances animales, etc. Préparé sans acide, il détruit instantanément les miasmes putrides, et neutralise sur-le-champ les matières délétères. Il peut être des plus précieux pour la désinfection des appartements, ateliers, casernes, prisons, navires, salles de dissection, abattoirs, boucheries, meubles, vêtements, etc.

Pour les latrines, deux cuillerées de ce désinfectant, pour un litre d'eau, versées dans la fosse, suffisent non-seulement pour neutraliser les gaz qui s'en échappent, mais encore pour empêcher le dégagement de l'acide sulfhydrique, de l'hydrosulfate d'ammoniaque et azoté, résultant de la décomposition des matières fécales.

Avec quelques grammes chaque jour du désinfectant Roy, non-seulement on aurait des latrines inodores, mais encore on pourrait tirer un parti excellent des matières fécales pour l'agriculture, puisque les substances ammoniacales et azotées, qui constituent la richesse des engrais, restent tout entières dans le lieu où le désinfectant a été déposé.

Le 28 août 1863, en présence des membres de la société des sciences industrielles de Paris, siégeant à l'Hôtel-de-Ville, nous avons désinfecté instantanément un morceau de viande qui se trouvait dans le plus grand état de putréfaction. Une *Médaille d'argent* a été la récompense de cette nouvelle invention.

Nous sommes persuadé que ce désinfectant serait fort utile en horticulture. A l'aide d'arrosages intelligents, on débarrasserait les plantes et les arbres de leurs parasites (pucerons, limaces, lisettes, etc.), et les plates-bandes, arrosées de même, ne seraient plus envahies par les limaces, les légumes dévorés de chenilles ; enfin, les échalas, tuteurs et lattes des espaliers, lavées et arrosées avec du liquide désinfectant, seraient complètement à l'abri des ravages des insectes.

JULIENNE (Mme) rue Saint-Denis, 303, à PARIS

CEINTURE ET BRASSIÈRE-HÉLÈNE-JULIENNE

Les bains pour les enfants sont, sans contredit, le seul traitement indispensable qui puisse leur être administré sans péril. Que de mères ont eu à déplorer la perte d'un enfant par la difficulté qu'on éprouve à leur faire prendre des bains ! Que d'enfants, à l'époque de la dentition, sont morts de convulsions, n'ayant pu prendre assez de bains, par la peur qu'ils y ont éprouvée !

C'est pour prévenir de tels accidents, que madame Julienne a imaginé la ceinture et brassière dont nous parlons. Cette invention, qu'on ne saurait trop vulgariser a été l'objet d'un rapport de M. Bouvier à l'Académie impériale de médecine (31 janvier 1862) et le professeur Bouchardat l'a recommandée dans son annuaire de 1861 et mentionnée dans son formulaire magistral pour 1862.

Dans son rapport à l'Académie de Médecine, M. Bouvier s'exprime ainsi :

L'invention de madame Julienne a pour but de fixer dans le bain les malades, et surtout les enfants trop jeunes ou trop indociles pour s'y maintenir d'eux-mêmes...

« Aussi croyons-nous qu'un appareil contentif, comme celui de madame Julienne, peut faciliter l'administration des bains chez les enfants, en la rendant tout à la fois plus sûre et plus commode. »

Cette ceinture et brassière, qui a de plus l'avantage de maintenir les enfants entièrement dans l'eau, a été conseillée par la plupart des médecins les plus distingués, entre autres par MM. Moreau père et fils, Blache, Paul Dubois, Trousseau, Nélaton, Bouchardat, Barthez, Guersent, Tardieu, Giraldès, Arnal, Bouvier et Poiseuille.

Employée avec succès dans les hôpitaux depuis 1860, la ceinture et brassière Julienne, a été récompensée à l'Exposition universelle de Londres 1862. Elle a obtenu la médaille d'or, et un rappel de médaille d'or de la société des sciences industrielles de Paris (1862-63), enfin une médaille d'honneur de l'Académie nationale.

Fig. 1. — Modèle qui permet de baigner l'enfant ou le malade entièrement couché à la naissance ou dans les cas de graves maladies.

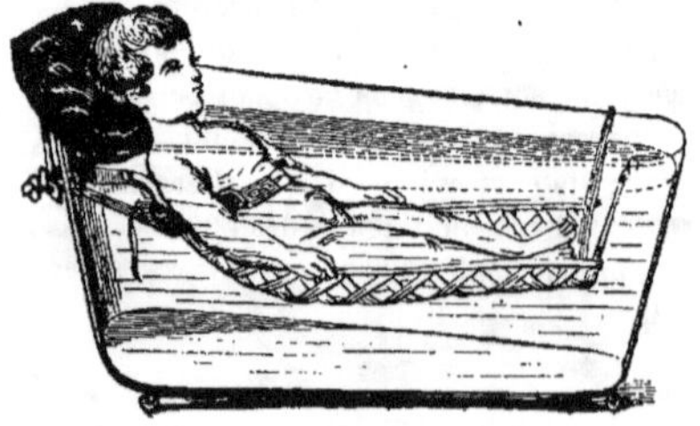

Fig. 2. — Enfant dans sa ceinture, jouant dans son bain.

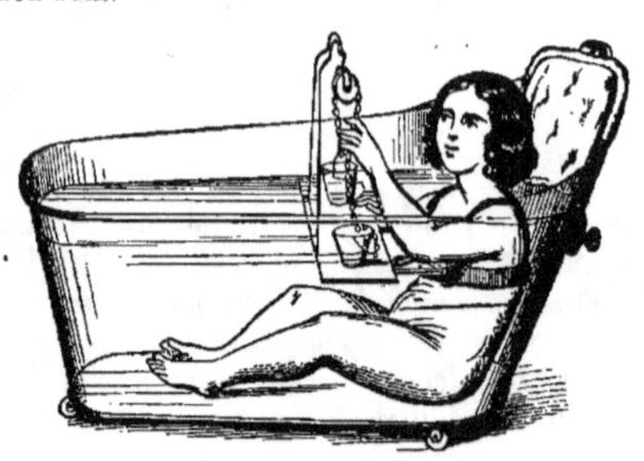

Fig. 3. — Représentant la mère endormie, maintenue par la ceinture, son enfant à ses pieds jouant dans son bain.

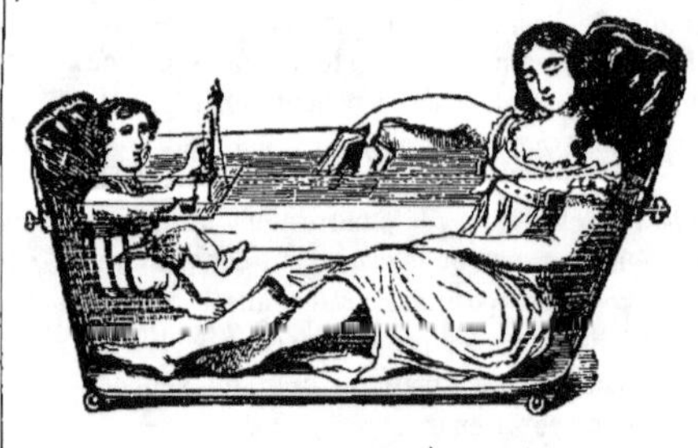

Fig. 4. — Brassière de la ceinture, servant à maintenir les enfants dans leurs premiers pas et à éviter la fatigue de la poitrine et le dérangement des épaules.

PORCELAINE. Cette variété de poterie précieuse à pâte fine, blanche, demi-transparente, assez dure pour ne pas se laisser entamer par l'acier, était connue en Chine de temps immémorial ; ses annales rapportent qu'on en fabriquait déjà à une époque correspondant au cinquième siècle de l'ère chrétienne. Ce n'est que depuis un peu plus d'un siècle que le baron de Bœticher, chimiste à la cour de Saxe, découvrit le mélange auquel il reconnut les propriétés de la porcelaine de Chine. On tira parti de cette découverte, qui fut perfectionnée dans la fabrique de Meissen. Au commencement du dix-huitième siècle, on établit en France quelques fabriques de porcelaine tendre ; mais ce n'est qu'en 1768, après la découverte des gisements de kaolin à Saint-Yrieix, que la manufacture de Sèvres commença la fabrication de la porcelaine dure. Cette fabrique, placée d'abord sous la protection du Roi, devint dès-lors, tout à fait manufacture royale.

Toutes les fabriques de l'Europe appartenaient à cette époque, ou appartiennent encore aux souverains du pays où elles se trouvent. Peut-être ce patronage royal, a-t-il hâté la création de la fabrication de la porcelaine en Europe, mais il appartenait à l'industrie privée seule de lui donner de l'essor ; aussi, est-elle restée presque stationnaire en Allemagne, tandis qu'en France elle a pris, depuis cinquante ans, un développement prodigieux, que nous voyons encore s'accroître d'année en année.

LIBRAIRE. Les anciens avaient des écrivains dont la profession consistait à copier des livres, et des libraires qui les vendaient. Ces livres étaient des rouleaux de liber ou de parchemin, et que l'on appelait à cause de cela *volumen*, volume, de *volvere*, rouler.

Avant l'invention de l'imprimerie, les libraires-jurés de l'Université de Paris faisaient transcrire les manuscrits, et en apportaient les copies aux députés des facultés, pour les revoir et les approuver, avant que d'en afficher la vente. Les libraires étaient lettrés, et portaient, en conséquence, le nom de clercs libraires.

Après la découverte de cet art, les clercs libraires ne s'amusèrent plus à transcrire ou à faire transcrire des manuscrits. Les uns s'occupèrent à perfectionner cette nouvelle découverte, d'autres à se procurer des manuscrits ou des livres déjà imprimés en planches ou en caractères mobiles, d'autres, enfin, à empêcher que le temps ne détruisit ces nouvelles productions. Ces différentes occupations formèrent les fondeurs de caractères, les imprimeurs, les libraires et relieurs, aujourd'hui des professions différentes, mais qui, dans l'origine, étaient presque toujours réunies dans la même personne.

« La librairie était régie, sous l'ancienne monarchie par divers règlements qui furent réunis et coordonnés en 1723, dans une célèbre ordonnance rédigée par d'Aguesseau ; aujourd'hui, elle est régie par le décret impérial du 5 février 1810, par les diverses lois sur la presse publiées les 21 octobre 1814, 17 et 26 mai 1819, 9 sept. 1835, par le décret du 24 mars 1852, et par plusieurs dispositions du Code pénal. »

PAUL (Eugène) statuaire, orfèvre, bijoutier, joaillier, né le 9 novembre 1822, à Paris, vice-président et fondateur de la Société du Progrès de l'art industriel, archiviste de la société des Sciences industrielles de Paris, membre de plusieurs autres sociétés artistiques et scientifiques, a exécuté, en outre d'une grande quantité d'objets d'art en bijouterie et orfèvrerie :

1° La *Statue de Jeanne d'Arc villageoise*, exposée aux Champs-Elysées, en 1855 et 1856, et érigée à Domrémy (Vosges), en septembre 1860.

2° La *statue de Jenner*, exposée pendant un an, sous la colonnade de l'Ecole de médecine et devant le Louvre, au pont des Arts, destinée à la ville de Boulogne-sur-Mer ;

3° Différentes *statuettes* et plusieurs *bustes*, de personnages éminents, notamment ceux de Vuillaumé, historien, du Dr Broussais, de M. Adolphe Favre, de Madame Jouvante de la Comédie Française, etc.

M. Paul a été collaborateur du *Dictionnaire universel des connaissances humaines*, pulbié sous la direction Dr B. Lunel. On lui doit :

1° Plus de trente articles de ce dictionnaire sur les beaux-arts, l'industrie, les sciences et l'histoire ;

2° La *Revue de la sculpture*, au Salon de 1858 ;

3° *Histoire et appréciation de la bijouterie* (dans le journal l'*Art au XIXᵉ siècle*) ;

4° Divers articles sur la bijouterie et l'orfévrerie dans le journal *le Monde industriel* et *l'Almanach de l'horlogerie* ;

5° *Discours, rapports* aux Sociétés savantes ;

6° *Dissertation phrénologique* ;

7° *Thèse sur la lucidité magnétique*, envisagée dans ses causes et ses effets, présentée devant la Société du mesmérisme, etc.

DELSARTE (François - Alexandre - Nicolas - Chéri)

PROFESSEUR DE CHANT, A PARIS

GUIDE - ACCORD DELSARTE

Le but de la musique, qui est d'émouvoir par le concours de la *mélodie*, de l'*harmonie* et du *rythme*, ne peut être réellement atteint qu'à la condition d'une justesse parfaite dans l'exécution.

La perfection de l'accord des instruments est donc le problème que doit résoudre l'artiste tout d'abord; ce problème est assez facile pour les instruments à vent, puisqu'ils sont tous accordés, mais les instruments à cordes doivent être accordés par la personne même qui les joue.

L'*orgue* et le *piano*, dont l'étude est si répandue de nos jours, fait exception à cette règle, et réclame ordinairement la main d'un accordeur.

Ce qui fait la difficulté d'accorder ce dernier instrument, c'est que, outre qu'il a trois cordes pour chaque son, la même corde devant donner en même temps le son de la note supérieure bémolisée et le son de la note inférieure diézée, l'oreille est obligée de prendre un *tempérament* entre ces deux sons qui ne sont pas identiques.

Divers moyens ont été imaginés pour arriver à ce résultat.

Les facteurs d'instruments, familiarisés avec les principes de l'acoustique, se servent pour accorder, d'un outil appelé *accordoir*.

Pour les personnes qui veulent se passer d'accordeur, on a imaginé un petit instrument, dit lui-même *accordeur*, et qui se compose de *douze diapasons d'acier*, disposés sur une planche sonore, et donnant avec justesse les douze demi-tons de la gamme par tempérament égal

En 1827, M. Roller a inventé le *chromamètre*, instrument destiné à faciliter l'accord du piano à ceux qui n'ont pas l'habitude d'accorder. Cet instrument se compose d'un petit corps sonore, avec un long manche divisé par demi-tons et monté d'une corde sur laquelle on fait glisser une pièce de bois ou d'ivoire, nommée *capo-tasto*; c'est une sorte de sillet mobile qui varie les intonations selon les divisions du manche auquel il correspond; une touche de clavier fait mouvoir un marteau qui agit sur sa corde et la fait résonner.

Enfin, il y a encore le *monocorde* ou *sonomè-re*, instrument composé d'une seule corde sonore, dont les anciens se servaient pour déterminer les rapports numériques des sons. La corde est montée sur une caisse rectangulaire, et l'on en varie les intonations au moyen de chevalets mobiles.

Tous ces procédés, tous ces moyens indiqués pour accorder le piano, n'atteignent nullement le but que se sont proposé leurs inventeurs, puisqu'ils sont à peine connu des pianistes.

Le guide-accord Delsarte, instrument qui se pose sur la partie brute du clavier, vient combler une importante lacune, d'abord en accordant le piano d'une façon certaine et irréprochable, ensuite en permettant à l'instrumentiste d'être son accordeur.

Cet accord du piano, à l'aide du guide-accord, se fait par la mise à l'unisson des différentes notes d'une gamme du piano, avec les différentes notes types de ce guide-accord. C'est donc un accord à l'unisson qu'il faut effectuer ; or, comme le fait remarquer judicieusement l'inventeur, il y a pour l'accord de deux notes à l'unisson, une donnée matérielle, certaine, et pouvant servir de guide infaillible.

« Toutes les fois que deux cordes tendues sur le même réflecteur vibratile sont à mettre à l'unisson, il existe, quand elles sont frappées simultanément et pendant tout le temps qu'elles ne sont pas à l'unisson parfait, une oscillation, une sorte de tremblement qui disparait dès que le but est atteint. »

Voici, du reste, les conclusions du rapport favorable de l'Institut de France, sur le guide-accord de M. Delsarte :

« Les accordeurs seront les premiers à profiter
« de cette ingénieuse invention, qui leur épar-
« gnera un travail long et d'un résultat douteux,
« en leur donnant un moyen infaillible pour
« obtenir l'accord avec la plus rigoureuse exac-
« titude ; car, ainsi que nous l'avons reconnu
« avec l'auteur, le Guide-accord est, pour ainsi
« dire, eu égard à l'harmonie musicale, ce que
« l'équerre et le compas sont pour les travaux
« géométriques. »

GALANTE (H) Place Dauphine, 28, à Paris

MANUFACTURE D'INSTRUMENTS DE CHIRURGIE
en Caoutchouc

Le *Caoutchouc*, mot indien qui signifie *suc d'arbre*, est le produit de la dessication d'un suc laiteux extrait par incision de plusieurs plantes de l'Amérique méridionale et des Indes orientales notamment du *Jatropha elastica* ou *Hevea guià nensis*. Il se compose, en grande partie, de deux principes particuliers, renfermant du carbone et de l'hydrogène, et récemment isolés par M. Payen (1852) ; l'un, éminemment tenace et presque insoluble, élastique, dilatable ; l'autre plus soluble est essentiellement adhésif.

Signalé par La Condamine, en 1751, Fresneau découvrit bientôt l'arbre qui le produisait à Cayenne. Les Indiens inventèrent les premiers tissus en caoutchouc, mais cette industrie ne prit un développement sérieux en France, que depuis 20 ans environ. Charles Goodyear lu iouvrit une voie nouvelle par les *vulcanisations*.

L'une desplus heureuses applications du caoutchouc consiste dans son emploi à la fabrication des instruments de chirurgie. Avant M. Galante cette industrie nouvelle était inconnue, et comme l'a dit M, le docteur J. E. Cornay de Rochefort, dans son rapport à l'Académie nationale, on fabriquait seulement en France, de menus objets, tels que balles d'enfants, embouts de cigarres, bracelets, etc. M Galante entrevit bientôt tout le parti que la chirurgie pouvait tirer de cette substance, et il sut la rendre docile à toutes les formes, l'approprier aux nécessités qui peuvent se présenter dans la pratique médicale.

Les produits de la manufacture de M. Galante sont innombrables et consistent en coussins pour divers usages, en compresseurs, appareils à extensions, genouillères, insufflateurs, injecteur-irrigateurs, pessaires divers, pelotes à tamponnement, tubes, bandes, coussinets, bandages, brosses électriques, spiromètres, et en une multitude d'objets qu'ont suggérés au directeur de cette manufacture, les docteurs ou professeurs Demarquay, Bouchardat, Nelaton, Huguier, Chassaignac, Boudin.

Dès 1855, M. Galante obtenait de l'Exposition universelle de Paris, la médaille d'argent de 1e classe ; en 1858, la médaille d'or de l'Académie nationale de Paris, et de la société d'encouragement de Londres ; en 1859, la médaille d'or d'Ernest Ier (Saxe-Cobourg-Gotha) ; en 1860, la décoration de l'ordre de François Ier (Naples); en 1862, la médaille d'honneur de l'Exposition de Londres ; en 1863, la croix des Saints Maurice et Lazare, la médaille d'or de la société des sciences de Paris, etc ; en 1851, le prix de l'Institut de France (prix Montyon).

Dans le compte rendu de l'Exposition de Londres, nous lisons cette appréciation:

« M. Galante a fondé, en 1850, en France, l'in-
« dustrie du caoutchouc vulcanisé, appliqué aux
« instruments de chirurgie et de médecine ;
« avant cette époque, de nombreuses infirmités et
« maladies, dont le soulagement et même la gué-
« rison se représente chaque jour dans la pratique
« médico-chirurgicale, étaient regardées comme
« incurables. »

Enfin, dans le rapport du Jury international de l'Exposition de Londres, le savant Demarquay se prononce ainsi, sur le matelas ou lit d'eau exposé par M. Galante.

M. Arnott avait exposé en 1855, à l'Exposition universelle de France, un lit d'eau. Ce lit d'eau, qui pouvait rendre des services, était d'un prix très-élevé ; il fallait donc trouver le moyen d'avoir un lit aussi utile et qui coutât infiniment moins; c'est ce que fit M. Galante à notre demande. Ce lit, ou pour mieux dire ce matelas, est solidement construit en caoutchouc vulcanisé et capitonné ; il renferme une quantité d'eau variable suivant son volume. L'effet de ce matelas est de permettre au malade épuisé d'exécuter des mouvements, d'éviter la formation des escarres, et de favoriser leur cicatrisation quand elles existent

VIOLAND (Adolphe), Pharmacien à Colmar

SÉCHOIRS POUR PLANTES MÉDICINALES

Les richesses botaniques de la France, surtout en plantes médicinales, sont immenses : chaque province, d'ailleurs, fournit son contingent.

Sous ce rapport, la flore de l'Alsace a fixé depuis longtemps l'attention des savants ; mais il fallait une main intelligente, capable et dévouée pour sauver ces trésors enfouis sous le sol, pour utiliser ces plantes médicinales, que l'ignorance ne craignait pas de fouler aux pieds.

M. A. Violand, pharmacien distingué de Colmar, s'est chargé de ce soin, et il a accompli la tâche qu'il s'était imposée avec une patience, un zèle et un désintéressement fort rares à notre époque de positivisme. Fatigues, dépenses, difficultés de toutes sortes, M. Violand a tout supporté, tout vaincu, pour élever à la hauteur d'une industrie importante la récolte et la conservation des plantes médicinales de l'Alsace et des Vosges.

Avant de décrire les procédés de conservation des plantes de M. A. Violand, rappelons succinctement les moyens mis en usage jusqu'à ce jour.

Il est entendu que ces plantes ont été recueillies par un temps sec et serein, lorsque le soleil est levé, la rosée dissipée, enfin, à l'époque où la fleur commence à s'épanouir, etc., qu'on les a débarrassées de la terre qui y reste attachée, des mauvaises herbes, des feuilles fanées, etc.

C'est alors qu'on les fait sécher à l'ombre, sur des linges ou sur des planchers de grenier mal aérés, ou qu'on les suspend le long d'un mur ; d'autres les sèchent à l'étuve, d'autres dans un four de boulanger, etc. On comprend ce qu'il y a de défectueux dans de tels procédés.

Récemment, on a cherché à conserver les plantes médicinales par un procédé analogue à celui de M. Masson, c'est-à-dire par dessiccation progressive et forte compression ; mais, comme le font remarquer MM. Soubeiran et Guibourt, cette méthode perd le *faciès* de la plante, et rend facile les méprises ou l'addition de substances étrangères.

Tous ces écueils, M. Violand a sagement su les éviter. Les trois établissements qu'il possède à Orbey, à Schirmeck et à Colmar sont construits sur un plan tout nouveau que nous allons exposer, d'après l'intéressante description que M. Numa Lazard en a donné dans *le Glaneur du Haut-Rhin*, du 24 août 1852.

A quelque distance au-delà de la station du chemin de fer, sur la route qui conduit dans la belle vallée de Munster, s'élève le séchoir construit d'après les données de M. Violand lui-même, et sur le plan général de M. Boltz, habile architecte de cette ville. Admirablement situé dans la campagne, il doit nécessairement jouir, comme celui de Schirmeck, d'une position exceptionnelle pour le renouvellement de l'air, circonstance à prendre en grande considération dans le cas dont nous parlons. Ce bâtiment, d'une longueur de 60 mètres, assis sur un terrain d'une superficie de 24 ares, a deux étages. Mais, s'appuyant sur les plus simples principes de la physique, les séchoirs n'ont été établis que dans les deux étages, le rez-de-chaussée est converti en un vaste magasin. Dans ce magasin s'élèvent, de chaque côté, d'énormes caisses, fermant hermétiquement, et disposées de telle façon, que chacune d'elles peut réunir dix quintaux de plantes sèches, se conservant bien et à l'abri de la lumière. Au premier plan du premier étage, se présentent trois rangées de treillis artistement tressés en bois, et séparés dans toute leur longueur par des allées qui permettent d'y circuler. Superposés l'un à l'autre, s'élèvent dix châssis pour le premier étage, et quinze pour le second, distants l'un de l'autre par une hauteur de $0^m.50$. Cet espace est non-seulement plus que suffisant pour le renouvellement de l'air entre eux, mais permet aussi aux ouvriers de placer et de retirer avec facilité les plantes, selon qu'il est nécessaire de le faire. Etendues sur des châssis de 2 mètres de long sur 1 de large, qui sont au nombre de 2,500 et de 5,000 avec ceux de Schirmeck, les herbes sèchent admirablement et très-promptement. De plus les deux surfaces exposées simultanément à l'air, rendent inutile l'opération qu'on était obligé de pratiquer sur les herbes étendues sur des greniers. Là, en effet, on était forcé plusieurs fois avant leur entière dessiccation, de retourner les plantes, afin de présenter à l'air leurs faces successives et d'en accélérer ainsi la dessiccation qui s'opérait par un beau temps en trois semaines, tandis que les séchoirs de M. Violand les dessèchent en, tout au plus, deux fois vingt-quatre heures. En outre, lorsque la dessiccation des plantes s'avançait, elles se réduisaient, dans la circonstance que je viens de citer, en fragments plus ou moins tenus, qui; se répandant dans la maison d'habitation dans laquelle se trouvait le grenier, pouvaient être la cause d'accident très-graves quand on agissait sur des plantes vénéreuses. Ici rien de semblable n'a lieu, la feuille y conserve même complétement, sèche, la forme qu'elle avait quand elle a été rétendue sur les châssis Les côtés du séchoir sont, eux aussi, garnis de châssis, mais qui sont recouverts en toile. Ceux-ci sont réservés, non aux fleurs qui ont une étuve spéciale, mais bien aux plantes à folioles étroites.

Les parois du séchoir sont construits en bois et pour cause; ils sont percés, en effet, à distances régulières d'ouverture, destinées au renouvellement de l'air. Ces ouvertures très-abondantes expliquent les résultats qu'on obtient. Des panneaux mobiles dans les rainures permettent de les clore hermétiquement et presque simultanément, et isolent, si je puis m'exprimer ainsi, le séchoir de l'air extérieur quand le temps est trop humide.

Les mêmes dispositions se retrouvent à l'étage supérieur, si ce n'est que le nombre des châssis est plus grand qu'au premier étage. Mais, malgré leur abondance, il n'y a nul désordre, nul encombrement ; on a reservé de très-larges espaces entre chaque rang, et la circulation y est très-facile. De plus, des judas, pratiqués dans le plancher, permettent de monter et de descendre directement les marchandises.

M. Violand n'a pas laissé son œuvre incomplète. Adossée au séchoir, se détache une jolie maison d'habitation que doit prendre le voyageur ignorant de sa destination pour l'élégant chalet d'un propriétaire grand seigneur. Le premier et le deuxième étage de cette maison forment une étuve dans laquelle sont desséchées les fleurs destinées à l'usage médical. Un calorifère enverra un courant d'air chaud à la température constante de 40°, qui, au moyen de plusieurs bouches de chaleur, s'ouvrant à fleur du plancher, se rendra dnas chaque étuve. De cette façon, l'air échauffé, en vertu de sa tendance à s'élever, traversera les fleurs et se chargera de leur humidité. Le terrain, entourant la construction convertie en une sorte de jardin botanique, sera garni de la plupart des plantes pharmaceutiques peu connues, placées là en évidence, afin de les faire connaître aux personnes qui viendront apporter leur récolte.

Le service rendu à la thérapeutique par M.

Violand est incontestable. Il lui a fallu, pour élever la récolte des plantes médicinales et leur conservation à la hauteur d'un art véritable, d'une industrie importante, posséder une instruction spéciale, et être animé du désir ardent d'être utile à l'humanité ; il a fallu, en outre, être doué d'un grand courage, d'une volonté ferme, d'une persévérance à toute épreuve, pour triompher des difficultés qu'il devait rencontrer sur sa route. Le sucès a couronné ses efforts, honneur à de tels hommes.

LÉCHELLE, pharmacien de 1ᵉ classe, rue Lamartine 35, à Paris, à donné son nom à l'*Eau hémostatique de Léchelle*, si précieuse pour faire cesser les hémorhagies, si ordonnée contre les affections de poitrine, l'hémophtysie, les blessures, etc.

La première formule de l'*Eau hémostatique* est d'origine orientale. Les prêtres d'Egypte, auxquels on attribue son invention, l'employaient dans les opérations chirurgicales, dans diverses affections spéciales à cette contrée, et même dans leurs embaumements.

Les succès obtenus par cette eau furent manifestes, et la formule s'en conserva. Elle fut rapportée de Chypre à Venise par la reine Catherine Cornaro, l'an 1500. On peut consulter sur la valeur de cet hémostatique l'*Histoire de la République de Venise*, par Daru, les ouvrages de Théden premier chirurgien de Frédéric le Grand.

Des recettes incomplètes de l'eau hémostatique circulèrent pendant des siècles dans la plupart des contrées de l'Europe. Après avoir étudié ces recettes, comparé les résultats cliniques qu'elles donnaient, M. Léchelle a reproduit une eau hémostatique, dont la puissance est incontestable et incontestée.

On doit encore à cet habile pharmacien, une foule de produits sanitaires spéciaux, connus sous les noms de *Liqueur d'Hufeland, castoreuns nevrosine, eau sanitaire antiputride, soie de la refuge*, etc., etc.

MARLIER (C), auteur et graveur de la *Nouvelle méthode grammaticale et progressive d'Ecriture*, à l'usage de tous les établissements d'instruction publique. Cette méthode, publiée en cahiers et en albums, est une œuvre digne de la sympathie de tous les membres du corps enseignant.

Elle vient d'ailleurs de remplir une lacune qui existait dans l'enseignement, et combler un vœu exprimé par Son Exc. M. le ministre de l'instruction publique.

Les cahiers de M. Marlier sont les premiers de ce genre qui existent. Ils présentent tout à la fois une *Méthode de lecture, d'écriture* et une *grammaire complète*.

Sous le titre modeste de *Cahiers d'Ecriture*, c'est un livre d'une haute utilité, instructif et pratique. L'auteur, qui est un homme de sens et de jugement, sait très-bien que, dans l'enseignement de la grammaire aux enfants, la théorie pure, c'est-à-dire celle qui ne se traduit pas en faits sous les yeux de l'élève, est destinée à rester stérile pour le plus grand nombre, et que, d'autre part, la pratique qui ne s'appuie pas sur des principes raisonnés, se traîne dans les voies sans avenir et sans progrès de la routine. M. Marlier a su éviter habilement ces deux écueils et le problème à résoudre était sinon impossible du moins excessivement difficile.

M. Marlier prend l'enfant au sortir des premiers éléments de la lecture, puis, après les notions d'écriture qui constituent cet art admirable, il le conduit graduellement et très-méthodiquement au terme avancé qu'il doit atteindre pour *parler et écrire correctement*.

Chacune de ses leçons met son intelligence et sa mémoire en possession de quelques faits grammaticaux, et d'un certain nombre de mots, *noms*, *adjectifs verbes*, etc.; en même temps que des exemples d'écriture lui donnent immédiatement lieu d'appliquer les connaissances qu'il vient d'acquérir.

L'ensemble des cahiers de M. Marlier embrasse toutes les règles, tous les faits importants de la grammaire française. La règle précède l'exemple, qui est le modèle de calligraphie; les exceptions, placées en notes, présentent les détails donnés dans les ouvrages sur la langue.

Tous les faits suivent un ordre rigoureux, logique et parfaitement au courant de la science lexicographique. Réduites à la proportion d'un enseignement élémentaire les règles grammaticales passent successivement sous les yeux de l'enfant, pour se graver dans la mémoire à mesure qu'ils sont compris par son intelligence.

Par cette ingénieuse méthode d'écriture, où tout s'enchaîne, où tout ce qui précède prépare ce qui va suivre, où tout ce qui suit explique et rappelle ce qui précède, l'étude de la langue se poursuit chaque jour sans fatigue, jusqu'au terme où elle doit aboutir. Ainsi sera rempli, non seulement le vœu de Son Exc. M. le ministre de l'instruction publique: « *S'il est possible*, point de grammaire *entre les mains des élèves*, » mais encore, l'introduction de cette Méthode dans les familles sera un véritable service rendu aux parents qui dirigent ou surveillent l'instruction de leurs enfants.

RÉBILLAT (Auguste), ex-contre-maître d'orfèvrerie, employé des lignes télégraphiques, né à Tichey (Côte d'or), le 15 août 1822, est inventeur d'une *presse à copier*, à composteur, adoptée par l'administration des lignes télégraphiques.

Cette presse fonctionne aujourd'hui, dans tous les bureaux de Paris et permet à un seul homme de reproduire plus de *deux mille cinq cents* dépêches dans une séance de douze heures. Cette presse a la propriété particulière de conserver dans un cadre intérieur *ad hoc*, et pendant un temps indéterminé, du papier mouillé d'avance pour servir aux reproductions, ce qui la distingue complètement de toutes les presses à copier, en usage jusqu'à ce jour.

Nous avons du même inventeur : 1° Un *timbre à caractères mobiles*, pour les postes et maisons de Commerce. Dans cet appareil, la pression s'opère par la culasse, où les blocs mobiles reposent sur un coussinet de caoutchouc, qui les élève forcément au niveau de l'exergue, et dont l'élasticité atténue presque entièrement l'usure des caractères.

2° Un *commutateur télégraphique* quadrangulaire dit *à coulisse*, qui permet de prendre autant de contacts différents, que le modèle suisse, mais qui se distingue de celui-ci, par une extrême simplicité et par l'absence des trous et des fiches métalliques, ce qui permet de fixer l'appareil dans une position horizontale sans avoir à craindre les mauvais effets de la poussière.

Les inventions de M. Rebillat, ont toutes été primées par les ministères ou par des sociétés industrielles et scientifiques.

VANADIUM. Corps simple métallique dont la découverte est due au métallurgiste espagnol Del Rio, qui le trouva, en 1801, dans un minerai de plomb de Zimapan, au Mexique et lui donna le nom d'*Erythronium*. Le chimiste français Descotil soutint que ce prétendu métal n'était que du Chrôme impur. Enfin, en 1830, M. Sefstroem le rencontra dans un minerai de fer de Taberg, en Suède, et établit ainsi la réalité de son existence.

Ce métal forme avec l'oxigène un acide dit vanadique.

JOUANNE (G) Ingénieur, rue de Vendôme, 6, PARIS

APPAREIL POUR FABRIQUER LE GAZ CHEZ SOI

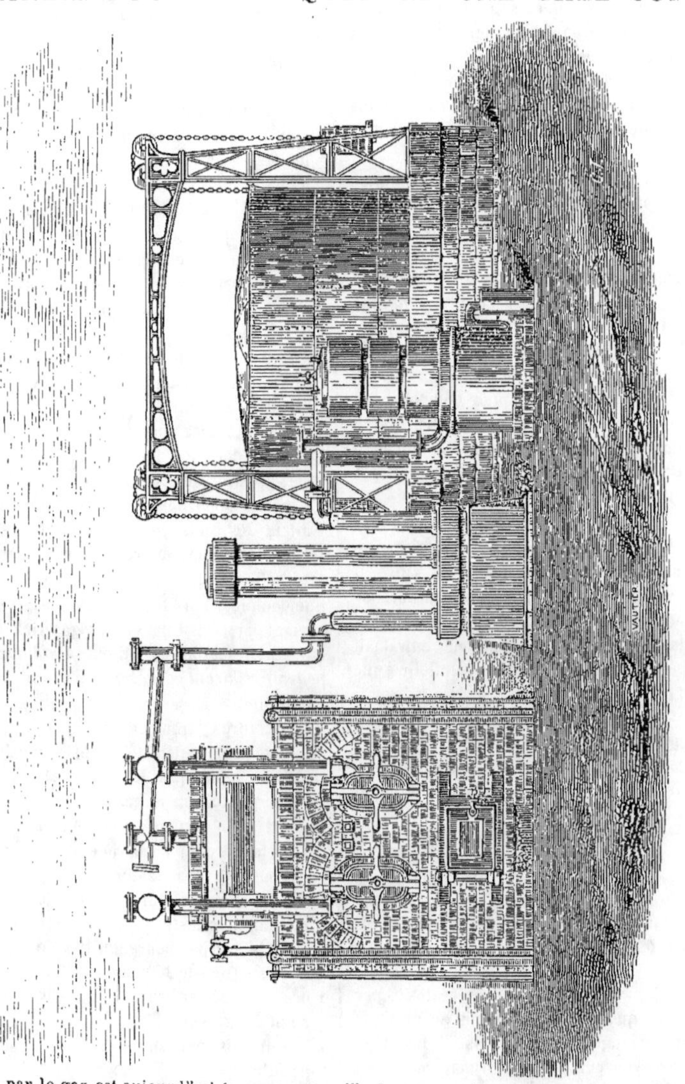

L'éclairage par le gaz est aujourd'hui trop con_nu et trop apprécié pour qu'il soit nécessaire de faire ressortir ses bienfaits et ses avantages.

L'invention que notre compatriote Philippe Lebon commença à mettre en pratique dès 1801, s'est rapidement et largement développée, à tel point qu'il n'y a pas maintenant de cités populeuses et industrielles qui n'aient leur usine à gaz et leur canalisation pour l'éclairage public et particulier. L'exemple des grandes villes s'est propagé jusqu'aux petites, et le jour n'est pas très-éloigné sans doute, ou chaque centre de population, où la plus humble bourgade jouira des avantages que procure l'éclairage par le gaz.

Les établissements industriels qui se trouvent presque toujours placés à d'assez grandes distances des villes, sont nécessairement intéressés aux résultats d'un progrès qui apporte à tous des bienfaits réels et constants.

Le gaz est devenu désormais une nécessité; car de tous les moyens d'éclairage c'est le moins coûteux, le plus commode, le plus simple, le plus propre, le plus sûr.

Il est économique, et nous le prouverons plus loin; il est commode, parcequ'il suffit d'ouvrir ou de fermer un robinet, pour faire naître ou pour anéantir la lumière ; il est simple, parce qu'il n'exige aucuns préparatifs ni aucuns soins pour son emploi ; il est propre, parce qu'il supprime les taches de suif ou d'huile que causent toujours les chandelles ou les lampes, et qu'il dispense du nettoyage et de l'entretien qu'elles nécessitent ; enfin, il donne une sécurité plus complète que tout autre système d'éclairage, parce qu'il préserve des dangers résultants des étincelles qui tombent à terre quand on mouche ou qu'on allume les chandelles.

Pour rendre l'éclairage au gaz accessible à tous les établissements particuliers, et les faire profiter des avantages que possèdent les villes, il fallait arriver à créer des appareils qui permissent à chaque industriel de *fabriquer le gaz chez soi* ; et la solution de ce problème entraînait naturellement deux conditions essentielles que voici :

1° *Construire des appareils assez petits, assez peu encombrants pour qu'ils puissent s'installer dans un local quelconque, fut-il même très-exigu, et pour que leurs prix d'installation soient aussi faibles que possible ;*

2° *Rendre ces appareils tellement simples, tellement faciles à monter, à démonter, à nettoyer, tellement commodes à conduire et à surveiller, que leur perfectionnement soit toujours parfait et assuré, quand même ils seraient confiés aux mains de l'ouvrier le plus inhabile et le plus inexpérimenté.*

Ces conditions sont complètement réalisées par les appareils qu'a inventés et mis en pratique M. G. Jouanne, ingénieur des arts et manufactures, à Paris. Chacun peut désormais, avec ces appareils, fabriquer le gaz chez soi avec une économie et une commodité incontestables.

La production du gaz se fait au moyen d'un fourneau contenant une ou plusieurs cornues, suivant l'importance de l'éclairage qu'il faut obtenir. Le dessin que nous joignons à cette description représente un appareil installé en vue d'un éclairage de cent becs. Il se compose d'un fourneau à deux cornues, lesquelles communiquent par des tuyaux avec le barillet, où se fait le depôt du goudron ; le gaz passe ensuite dans le réfrigérant, puis de là, dans l'épurateur, et arrive enfin au réservoir ou gazomètre.

Les appareils de M. G. Jouanne se recommandent d'eux-mêmes à l'attention des industriels par des qualités essentielles qui peuvent être résumées en quatre mots : *économie, commodité, simplicité, sécurité.* Ils ont, comme on le voit, les mêmes avantages que le gaz possède sur les autres modes d'éclairage, et il est facile de le démontrer.

1° *Economie.* — M. G. Jouanne s'est spécialement attaché à l'utilisation des résidus perdus ou peu employés dans l'industrie ; il a trouvé le moyen de faire du gaz d'excellente qualité, avec beaucoup de déchets résultant de fabrications diverses, demeurés jusqu'alors sans emploi sérieux. Il utilise, par exemple, les résidus des huileries, ceux des fabriques d'huile ou de schiste, et les goudrons de toute provenance, les déchets de fabriques de bougies et de toutes les usines traitant des suifs ou des graisses, les eaux de lavage des laines, les résines brutes, enfin toutes les matières bitumineuses, tous les corps gras quelconques, tous les résidus oléagineux, fournissant par la distillation des gaz riches en principes hydrocarburés, qui ont, à volume égal, *un pouvoir éclairant beaucoup plus grand* que le gaz de houille.

Des chiffres feront encore mieux ressortir les résultats qui découlent de la fabrication du *gaz économique,* telle que la pratique M. G. Jouanne.

1° En produisant le gaz avec les appareils dont il s'agit et en prenant la moyenne annuelle d'une usine établie pour l'éclairage d'une centaine de becs complets (grande dimension).

1 bec dépense par heure, en gaz de résidus de schiste	2 centimes 60
1 bec dépense par heure, en gaz de boghead (schiste bitumeux) . .	2 — 40
1 bec dépense par heure, en gaz de suint de graisse.	2 — 90
1 bec dépense par heure, en gaz de houille.	2 — 50

2° Si nous comparons ces prix à ceux de l'éclairage obtenu par les autres moyens, nous trouvons qu'il faudrait dépenser par heure :
Avec le gaz de houille à 30 centi.

le mètre cube (Paris) . . . . . 6 centimes 00
Avec le gaz de houille à 45 centi.

le mètre cube (Province) . . . 9 — 00
Avec le gaz portatif, à 1 fr. le mè-
tre cube (Paris) . . . . . . 4 — 00
Avec le gaz portatif, à 1 fr. 30 le
mètre cube (banlieue) . . . . 5 — 20
Avec l'huile de schiste. . . , 4 — 60
Avec l'huile de pétrole . . . . 4 — 50
Avec l'huile de colza . . . . . 10 — 80
Avec l'air carburé par les liqui-
des volatiles, ... 16 — 00
Avec les bougies. . . . . . . 35 — 00
Avec les chandelles . . . . . 30 — 00

Ces chiffres parlent assez éloquemment pour nous dispenser de plus longs commentaires, et nous avions lieu de dire que les appareils de M. G. Jouanne se recommandent par leur économie.

2° *Commodité.* — Il nous suffit de dire que les appareils dont nous parlons ici, sont exclusivement composés de pièces de fonte fractionnées, et emboîtées les unes dans les autres, au moyen de joints hydrauliques. L'absence complète de toute fermeture boulonnée rend la pose, le montage et le démontage aussi commodes que possible pour l'homme le plus inexpérimenté.

M. G. Jouanne a adopté pour les réfrigérants une disposition excellente, qui consiste à substituer aux séries des tubes ordinairement employés sous le nom de *Jeu d'orgue*, des conduits aplatis qui réduisent le gaz en lames très-minces, et facilitent énergiquement la condensation.

De cette disposition, il résulte qu'un réfrigérant du système Jouanne est toujours moitié moins volumineux que les conducteurs ordinaires, et produit une épuration beaucoup plus complète.

3° *Simplicité.* — Ces appareils sont simples par leurs constructions et leurs dispositions générales. Le barillet, le réfrigérant, l'épurateur, les valves d'entrée et de sortie, toutes les parties enfin de cette usine à gaz en miniature, n'ont d'autres joints que les joints hydrauliques, de telle sorte, que l'ensemble présente une solidité complète avec des combinaisons de détail qu'un enfant même pourrait comprendre. Il résulte de là que la conduite, l'entretien, et la surveillance de ces appareils sont des plus faciles. Leur fractionnement aide beaucoup à leur nettoyage, surtout pour les épurateurs qui sont constitués par une série de pièces ou zônes annulaires, emboîtées à joints hydrauliques, et qui forment ainsi une sorte de colonne dont la hauteur se proportionne au volume de gaz qu'il faut épurer.

4° *Sécurité.* — L'application hydraulique de joints hydrauliques, assure, dans toutes les par-ties des appareils une pression constante, réglée toujours automatiquement par le niveau de l'eau. Elle offre aussi, en cas de d'engorgement ou d'obstruction de l'une quelconque des pièces, toutes les garanties désirables de sécurité, car le joint hydraulique devient alors une véritable *soupape de sûreté*, qu'une augmentation anormale de pression soulèverait aisément.

Aujourd'hui donc que les applications du gaz à l'éclairage et au chauffage tendent à se multiplier de tous les côtés, les appareils de M. G. Jouanne, sont destinés à rendre de véritables services aux établissements industriels.

Nous n'insistons ici, que sur leurs avantages au point de vue de l'éclairage ; nous aurons à parler plus tard du chauffage en particulier, question neuve et intéressante que l'inventeur s'occupe de résoudre en ce moment. M. G. Jouanne a aussi combiné des appareils tout spéciaux pour fabriquer le gaz à bord des navires, et par des moyens d'une extrême simplité, il peut éclairer les vaisseaux et obtenir avec le gaz, des feux d'une grande intensité qui seront. certes, d'un utile secours pour les signaux de de nuit. En prenant ainsi l'initiative de l'application du gaz au service de la navigation, il a émis une idée féconde qui ne peut manquer de fructifier dans un avenir prochain.

MOUSSERON, Pharmacien à Dijon, auteur de diverses spécialités pharmaceutiques estimées, entre autres du *Sirop parégorique.*

Les préparations pectorales ont la propriété de diminuer la douleur et l'irritation du larynx, de la trachée artère et des bronches, et surtout de calmer la *toux* qui dépend de la phlegmasie directe de ces organes. Leurs vertus sont analogues à celles des baumes qui, avec les térébenthines se partagent le privilège, dit Trousseau, de modifier avec avantage les affections catarrhales et les phlegmasies chroniques de la muqueuse gastro-pulmonaire.

Le sirop parégorique de M. Mousseron, que nous avons ordonné bien des fois, est un auxiliaire efficace dans le traitement des bronchites aiguës ou chroniques, de l'asthme, de la coqueluche et autres affections pectorales, soit pour les guérir, soit pour les soulager. Dans un cas où la lésion anatomique pulmonaire ne nous laissait nul espoir fondé de guérison, nous avons eu le bonheur, pendant l'usage de cette préparation, de constater chez la malade un calme parfait. C'est donc là une des propriétés les plus précieuses du sirop parégorique, de calmer la toux, lors même qu'elle résulte d'une lésion organique.

LENOIR Ingénieur, rue de la Roquette, 115. PARIS

MOTEUR A GAZ

PERFECTIONNÉ PAR GUSTAVE LEFEBVRE, INGÉNIEUR

La première des machines à explosion appartient au XVIe siècle, époque à laquelle Cardan et Schott émirent dans leurs ouvrages, la possibilité de tirer parti de la poudre à canon pour transporter des automates dans l'air ou les faire marcher sur l'eau ; mais ce ne fut que le siècle suivant, dit Maignet[1], que l'on essaya de la réaliser pratiquement. En effet, en 1678, l'abbé Hautefeuille, décrivit une *Machine à poudre* de son invention dont il voulait se servir pour élever l'eau. Deux ans après, Christian Huyghens imagina une machine analogue, qu'il destinait aussi à l'élévation de l'eau, mais qu'il croyait également propre à soulever les fardeaux et à lancer des projectiles. En 1685, le chevalier Morland reproduisit la même idée, qui préoccupa aussi Denis Papin : ce dernier ne fut même conduit à la Machine à vapeur que par les recherches qu'il exécuta sur les machines à poudre. Enfin, en 1753, Daniel Bernouilli pensa que l'on pourrait appliquer la poudre à la propulsion des navires, mais il n'indiqua aucun moyen d'exécution. Du reste, l'impossibilité d'obtenir des résultats satisfaisants avec la poudre ne dut pas tarder à être reconnue, et l'on comprit la nécessité de donner une autre direction aux tentatives. Ce fut en 1790, que l'anglais John Barber, essaya de produire la force motrice par l'inflammation de l'hydrogène, et son invention doit être considérée comme le véritable point de départ de toutes les *Machines à gaz* qu'on a proposées depuis. Parmi les inventeurs, en très-grand nombre, qui se sont particulièrement occupés de résoudre le problème, on cite Thomas Mead et Robert Streed (1794), Philippe Lebon (1801), de Rivaz (1807), Samuel Brown (1823), le capitaine de Montgéry (1823), qui se servaient du gaz hydrogène, soit pur, soit mélangé avec l'air atmosphérique. Ce dernier, renouvelant une tentative de l'ingénieur Henri (1810), essaya aussi de faire revivre l'emploi de la poudre, pour faire fonctionner une sonnette de grande dimension et faire marcher des bateaux sous-marins. Des mélanges explosifs analogues aux précédents furent encore proposés par Herskine-Hazard (1826), Galy-Gazalat et Dubain (1826), Lemuel Welleman Wright (1833), Loise (1834) Ada (1838), Madol (1838), Alexandre Cruskslanks (1839), Talbot, (1840), Demichelis et Monnier (1841). James Johnston (1841), Selligue (1843), etc. Deux inventeurs eurent même l'idée d'employer, l'un

Rodgers, la poudre fulminante (1834), et l'autre, Talbot, le coton-poudre (1846). Toutes ces inventions restèrent sans aucune sanction industrielle. La seule Machine à gaz qui ait pu recevoir des applications pratiques est celle de M. Lenoir, qui date du mois d'avril 1861.

Le moteur Lenoir ne diffère de la machine à vapeur que parce que son cylindre est plus gros, et qu'il y a deux tiroirs au lieu d'un.

Par l'un des tiroirs du cylindre a lieu l'introduction d'un mélange de 90 parties d'air et de 10 de gaz. Ce mélange rencontre une étincelle électrique et s'enflamme ; l'air échauffé se dilate, une partie de son oxygène brûle le carbone du gaz pour former l'acide carbonique, l'hydrogène pour former de l'eau, et toute cette masse gazéiforme opère sur la surface du piston, une pression que les organes de la machine transforment en travail. Le second tiroir est destiné à l'échappement des produits de la combustion.

Il n'est rien de plus simple comme principe malgré les complications apparentes de la pratique.

Sans doute pour obtenir une étincelle électrique capable d'enflammer le mélange gazeux, il faut une Pile de Bunsen de deux éléments, à laquelle on ajoute la bobine d'induction de Faraday destinée à accumuler le fluide mystérieux qui émane de la pile. De cette bobine, le courant condensé, emprisonné dans des fils isolants se rend à l'inflammateur, tige de porcelaine dans laquelle circule un fil de platine dont une extrémité communique avec le fil qui amène le courant, et l'autre avec la masse métallique des cylindres ; pour engendrer le mouvement alternatif du moteur, il faut que l'étincelle qui enflamme le mélange d'air et de gaz se produise tantôt à l'avant tantôt à l'arrière du cylindre, ce qui exige deux inflammateurs.

Examinons, maintenant, comment se produit le mélange d'air et de gaz auquel l'étincelle doit mettre le feu.

Le gaz est amené à la machine par un tube de plomb, comme il serait amené à un appareil d'éclairage. Il s'écoule dans la machine ; il y entre sans aucun jeu de pompe, de soupape ; l'air s'introduit en même temps par un orifice communiquant librement avec l'atmosphère. C'est là le caractère essentiel de la machine Lenoir ; c'est là qu'elle puise son originalité, son succès ; c'est là qu'elle prend cet élément indispensable à la pratique, la simplicité.

Pour mettre la machine en marche, il suffit

[1] *Dictionnaire des Origines, Inventions et Découvertes*, 1863.

donc d'ouvrir le robinet de gaz, d'appuyer sur le volant de manière à faire avancer le piston d'un quart de sa course ; immédiatement la chambre formée par l'avance du piston entre le piston et le fond du cylindre se remplit d'air et de gaz ; l'étincelle enflamme le mélange ; l'air en se dilatant, l'oxygène en brûlant le carbone et l'hydrogène du gaz, forment dans cette chambre une pression qui peut atteindre 5 à 6 atmosphères, c'est-à-dire 5^k, 16 à 6^k, 19 par centimètres carrés sur la surface du piston, qui se trouve ainsi poussé en avant et peut emmener avec lui les résistances auxquelles il est attelé. Aussitôt que le piston est arrivé à l'extrémité de sa course, il tend à revenir sur lui-même, parce que l'espace qu'il a laissé derrière lui n'a plus de puissance, parce que les gaz qui le poussaient en avant se sont refroidis et s'échappent maintenant librement dans l'atmosphère. Il tend aussi à revenir sur lui-même, parce qu'il est entraîné par le volant. Mais aussitôt que le piston a commencé son mouvement de retour, une nouvelle chambre s'est formée derrière lui ; le gaz et l'air y ont pénétré ; l'étincelle électrique, amenée par le distributeur, met feu au mélange, et le piston repart, sous l'influence de la même force. Le mouvement alternatif rectiligne est reproduit ; le reste n'est plus qu'une question de mécanique élémentaire. Quant aux moyens employés pour l'admission et l'échappement, c'est un jeu de tiroirs semblable à ceux de la machine à vapeur.

Disons enfin que pour obvier à l'échauffement que l'inflammation des mélanges gazeux doit produire dans le cylindre, celui-ci a une double enveloppe dans laquelle passe constamment un filet d'eau.

Les avantages principaux que présente le moteur Lenoir sont :

1° D'être posable partout, sans enquête de *commodo et d'incommodo*, sans être soumise à aucun réglement, à aucune visite d'ingénieur des mines, etc

2° D'occuper peu de place : 1 mètre 75 c. sur 43 cent. de large, suffisent pour une machine de un cheval ; 2 m. 15 c. sur 89 c. pour une de trois chevaux ;

3° D'être d'une extrême légèreté ;

4° De réaliser la grande question de la force à domicile.

5° De s'adresser à la petite industrie dont les besoins ont créé le tourneur de roues, supplice que les Romains infligeaient aux criminels.

Mise en comparaison avec le tourneur de roue, la machine à gaz est une économie notable. — Le tourneur de roue travaille à raison de 0,35 c. l'heure, il fait 10 kilogrammètres. La machine de 1 cheval coûte 0,60 c. l'heure ; elle fait 75 kilogrammètres. Le rapport des sommes est de 1 : 1,71. — Le rapports des forces est : 1 : 7,5. — Ajoutons à cet avantage pécuniaire que la machine est docile et sobre. Il reste dans l'économie obtenue une bien large marge pour compenser les frais d'achat, d'entretien et de dépréciation de la machine.

CHARLES (G^es) Constructeur, rue de Bièvre, 10 et 12, PARIS

SPÉCIALITÉ D'APPAREILS POUR BAINS, HYDROTHÉRAPIE, ETC.

Les ateliers de M. G. Charles, ont été ouverts en 1847, dans le but de créer une maison s'occupant spécialement de la construction des baignoires ; chauffages, appareils et accessoires de toutes sortes nécessaires au service des bains soit pour établissements de bains publics, bains d'hôpitaux, ou salles particulières.

Cette maison, qui s'est agrandie de jour en jour et qui s'est constamment appliquée à satisfaire à tous les besoins de la médecine, est arrivée à confectionner non-seulement tous les appareils que recommande l'hygiène, mais aussi tous ceux nécessaires à l'hydrothérapie, à la vapeur et aux autres branches de la science balnéaire ; appareils dont de nombreux spécimens fonctionnent dans vingt-neuf établissements publics que M. Charles a construits jusqu'en 1864

En 1852 il mit à jour un *chauffe-bain* pour salles particulières avec brevet de 15 ans.

En 1861 un autre brevet pour *cylindre chauffe-bain* pouvant réchauffer le bain à volonté, destiné au même usage et d'un prix très-minime puisqu'ils peuvent s'établir à 100 francs avec la baignoire.

En 1862 nouveau brevet pour un *appareil hydro-mélangeur* appliqué aux bains de pluie et douches tempérées, appareil qui fonctionne aux bains d'Enghien avec tous ceux disposés et construits par M. Charles.

Ces diverses créations et les perfectionnements nombreux apportés par M. Charles à ce genre d'industrie lui ont valu, en 1861 à l'exposition de Nantes : une *médaille de bronze* pour les chauffe-bains et une *mention honorable* pour les appareils d'hydrothérapie.

En 1862 à l'exposition universelle de Londres une *mention honorable*, et en 1863 une *médaille de bronze* décernée par la société des sciences industrielles. Arts et belles-lettres de Paris.

BERNARD (J) de Lyon, rue Godot de Mauroy, N° 1er, à PARIS

UTILISATION RATIONNELLE DE LA FORCE DU VENT

APPAREIL-BERNARD

Une invention féconde est assurément celle qui est due à M. J. Bernard (Lyon). Elle est digne du plus grand intérêt, puisqu'elle résout de la façon la plus simple l'un des problèmes dont une bonne solution importe le plus à l'agriculture et à l'industrie : l'utilisation rationnelle de la première des forces naturelles, de la force du vent. Nous sommes certains à l'avance de plaire à tous les hommes du progrès en les entretenant de la belle découverte dont nous allons dire quelques mots.

A force variable opposer résistance variable et variant comme la force même, pour grandir lorsque la force augmente, et s'amoindrir lorsque la force diminue, tel est le principe d'où est parti M. J. Bernard, au moyen duquel il est arriver à utiliser le vent d'une façon complète et régulière.

C'est à l'aide d'un régulateur interposé entre la résistance et la puissance et faisant varier la résistance en raison des variations de la puissance (variations qui sont incessantes dans les moteurs à vent), que M. J. Bernard est parvenu à la réali-

sation du principe innée. Telle est la base de son invention.

Le vent est une force gratuite, partout présente et n'exigeant que le plus simple de tout les récepteurs.

Cette force est, il est vrai, constamment variable et son action varie en raison directe de la vitesse du vent.

Ainsi, pour en donner une idée précise, considérons comment varie, avec la vitesse, l'effort exercé sur 1 mètre carré de surface d'aile.

On estime que la pression (exprimée en kilogrammes sur 1 mètre carré) est environ :

0^k, 20	pour une vitesse de	1^m par seconde
2, 00		4
4, 50		6
8, 00		8
12, 80		10
19, 00		12

Les nombres mêmes de ce tableau font assez comprendre pourquoi les appareils anciens, à résistance fixe, fonctionnent d'une manière si incertaine, avec tant d'intermittences, en fournissant un si mauvais travail. Chacun conçoit, en effet, que si la force s'affaiblit au dessous de la de la limite des efforts à produire, le mouvement devient impossible ; chacun conçoit, de même, que la force s'accroît au-delà de celle qui est suffisante pour produire le travail nécessaire, le mouvement s'accélère trop et la vitesse excessive devient une cause de prompte destruction pour les appareils. Ainsi, un moulin ordinaire, réglé pour marcher par un vent de 5 mètres, ne peut se mettre en marche que par un vent animé d'une vitesse beaucoup plus considérable, et lorsque la vitesse du vent arrive à 7 mètres, le moulin marche une fois trop vite, parce que la force produite par un vent de 7 mètres est double de celle que produit un vent de 5 mètres.

Avec le système de M. J. Bernard il en est tout autrement ; la résistance ou le travail produit augmente ou diminue comme la force et en même temps qu'elle ; de cette manière, cette force est toujours équilibrée et tous les mouvements de l'appareil conservent une vitesse régulière

Si donc on a jusqu'ici laissé dans un abandon si complet la force motrice que donne le vent, c'est parce que cette force n'a jamais été appliquée convenablement. Elle est pourtant facile à utiliser, à plier à tous les besoins, car, par un mécanisme simple et peu coûteux, M. J. Bernard obtient, tout en conservant une vitesse régulière, un travail constamment proportionné à la vitesse du vent.

L'appareil est automoteur, il se règle lui-même durant sa marche, demande peu de soin et peu ou point de surveillance.

Quelles que soient ses dimensions, qui sont toujours en rapport avec sa puissance, son prix est modéré, eu égard aux services qu'il peut rendre, au travail qu'il peut produire. En résumé, les mérites du moulin Bernard sont :

Utilisation des moindres intensités du vent. — Régularité de la marche de l'appareil, malgré l'irrégularité de la force motrice.

Simplicité d'exécution de l'appareil, et ses dispositions heureuses, qui lui permettent non-seulement de se présenter de lui-même à la direction du vent, mais encore, de se soustraire à la trop grande violence de cet élément.

Par les services qu'il est susceptible de rendre, ce moulin est appelé à augmenter , dans de larges proportions, le bien-être universel, car il fournira, sans aucuns autres frais que ceux d'une installation et d'un entretien toujours facile, l'eau nécessaire à l'agriculture, aux communes et aux villes, quelle que soit l'importance de leur besoin ; il servira au desséchement des marais, quel que soit le volume d'eau à extraire ; il contribuera à l'embellissement de la propriété d'agrément ; il donnera à l'industrie, par l'utilisation simultanée des forces naturelles du vent et de l'eau, un moteur constant, régulier et gratuit.

On a déjà beaucoup parlé de la découverte due à M. J. Bernard (de Lyon) ; dès son apparition, en effet, elle a été reconnue fertile en beaux résultats ; et toutes les personnes qui l'on examinée, l'ont approuvée avec les éloges les plus flatteurs. Mais elle n'a pas encore obtenu tout le retentissement qu'elle doit certainement avoir. Jusqu'à présent M. J. Bernard a dû lutter contre toutes les infortunes réservées à presque tous les inventeurs. Manquant de capitaux, réduit même à la situation la plus précaire il n'est point parvenu, du premier coup, à réaliser son idée par un appareil bien fait. Le premier moulin Bernard qui ait été construit (et encore n'a t-il pu l'être que bien péniblement et en deux fois), est placé au bois de Boulogne, butte Mortemart, à l'endroit du cèdre. Cet appareil, malgré ses défectuosités, bien naturelles pour qui sait les conditions dans lesquelles il a été exécuté, a valu à M. J. Bernard les plus hautes faveurs, les plus belles récompenses. Heureusement, aujourd'hui, la courageuse persévérance de l'inventeur Lyonnais à fait justice de toutes les misères qu'il a dû subir. Sans nul doute, cet inventeur va recueillir les bénéfices que lui donnera l'exploitation de sa belle découverte Nous le désirons vivement. Entièrement dévoué au progrès de la cause industrielle et agricole, nous ne pouvons que souhaiter le rapide succès d'une invention éminemment utile, due surtout à l'heureuse initiative d'un homme de cœur.

FOURNIER (Charles) Chevalier de Légion - d'Honneur

71, RUÉ DE L'UNIVERSITÉ, A PARIS

NOUVEAU PROCÉDÉ POUR RÉVÉLER LES FUITES DE GAZ
dans les appareils d'éclairage et de chauffage

Il y a bientôt 63 ans que Philippe Lebon prit le premier brevet d'invention pour l'éclairage par le gaz hydrogène (8 septembre 1799). Dès cette époque, cet habile ingénieur avait su apprécier l'importance de ce mode d'éclairage; il en avait bien conçu les opérations, enfin il avait même indiqué les diverses substances dont on se sert maintenant pour préparer en grand l'hydrogène carboné. La France n'eut cependant pas l'honneur d'être la première à appliquer le gaz à l'éclairage des villes. Lebon, qui avait fait voir à Paris, en 1801, un hôtel entier éclairé par ce procédé, fut obligé de renoncer à l'exploitation de son brevet. Quelques années après (1805) deux anglais, Murdoch et Windsor s'emparèrent de l'idée de Lebon, et continuèrent sur une plus grande échelle les expériences de l'ingénieur français. En 1816, la plupart des rues de Londres étaient éclairées par le gaz, mais ce ne fut qu'en 1818 que la France commença à en faire usage.

L'Académie des sciences consultée par le Gouvernement sur les questions qui s'élevaient relativement à l'exploitation du gaz, nomma, le 29 septembre 1823, une commission composée de messieurs Prouy, Gay-Lussac, Darcet, Dulong et Fresnel. Le rapport, présenté le 9 février 1824, fut favorable à cette exploitation, et dès lors, l'avenir de ce mode d'éclairage devait être assuré.

Cependant, à part les établissements du commerce, à part ce qui concerne le service extérieur des maisons, des édifices publics, des rues, etc., le gaz, du moins en France, est encore exclu de l'intérieur des habitations. On l'a proposé récemment comme combustible pour le chauffage, ce qui serait on ne peut plus commode et plus économique, eh bien ! cette idée admirable est presque restée incomprise. N'est-il pas question de l'utiliser comme force motrice ?

Quoi donc a pu faire obstacle au développement de l'idée de Lebon ? sans aucun doute, l'odeur désagréable de l'hydrogène carboné, et les explosions qu'il occasionne trop souvent.

D'après l'arrêté de M. le Préfet de la Seine en date du 18 février 1862, relatif aux appareils à gàz, *la canalisation doit porter à demeure un ou plusieurs appareils révélant immédiatement l'existence des fuites.*

De tous les appareils autorisés comme cherchefuites, (Macaud, Fournier), ou comme révélateurs de fuites (Cantagrel, Barthélemy, Fauvel) celui qui nous paraît le mieux atteindre le but, est celui de M. Charles Fournier, récompensé d'ailleurs par l'Institut de France.

Voici la description de ce révélateur : [1]

L'appareil Fournier se compose de deux parties distinctes : l'une fixe, le révélateur ; l'autre mobile, qui sert à trouver le point ou existe la fuite. Le révélateur est basé sur le principe suivant : le gaz est poussé par les gazomètres, dans des tuyaux de distribution avec une force représentée par une colonne d'eau de 15 à 28 millimètres mesurée à l'usine. Cette force décroît à mesure que la longueur de la conduite augmente, et produit l'expansion du gaz qui donne le jet de la lumière; c'est cette pression permanente que M. Fournier a utilisée pour constater les fuites. Qu'on imagine un tube en U, contenant, à la partie inférieure, de l'eau ou mieux de l'alcool coloré en rouge, et que, par un moyen quelconque, on fasse arriver dans la branche gauche le gaz sortant du compteur, tandis que la branche droite sera en communication avec le reste de la conduite ; il est évident que, s'il n'y a aucune fuite, la pression sera la même dans les deux branches, et, par suite, le niveau du liquide sera à la même hauteur; si, au contraire, il y a perte, la pression du gaz diminuera et l'on verra monter le liquide dans la branche droite où la pression est la plus faible. Cette idée a été réalisée au moyen d'un robinet spécial qui peut occuper trois positions déterminées, indiquées sur un cadran par les mots : *fermeture, éclairage, révélateur.*

Ce révélateur occupe un espace de 0 m. 20 de hauteur, 0 m. 15 de largeur, et 0 m. 08 à 0m. 10 de profondeur. Il remplace le robinet ordinaire et réglementaire, par conséquent n'occasionne qu'un surcroît de dépense minime. Il n'exige, de plus

[1] A Leroux, *Journal de l'éclairage au gaz.*

aucun effort d'intelligence pour le faire fonctionner

L'indication du révélateur ne pouvant être appréciable à la vue pendant la nuit, M. Fournier l'a rendue sensible à l'ouïe au moyen d'un carillon électrique. Un fil conducteur, venant du pôle négatif d'une pile, pénètre dans le premier tube droit et plonge dans le liquide; un autre fil, venant du pôle positif de la même pile, pénètre dans le même tube, et les extrémités de ces deux fils, que l'on peut faire en platine pour les rendre inoxydables, viennent se recourber de façon que les pointes soient en regard, mais sans qu'il y ait contact. Un petit flotteur, portant à sa partie inférieure une pièce métallique en platine, suit tous les mouvements du liquide, et lorsque la dénivellation vient à être suffisante, cette pièce métallique, rencontrant à la fois les deux pointes formant les électrodes de la pile, établit le courant, et un timbre électrique fonctionne.

Pour arriver à préciser l'endroit des fuites, on se sert d'un vase en verre ayant la forme d'une éprouvette employée dans les laboratoires de chimie pour dessécher les gaz. Ce vase, étranglé vers le bas, forme ainsi deux compartiments. L'inférieur porte une tubulure dans laquelle s'engage un tuyau en plomb muni d'un robinet, et terminé par un renflement pour y adapter un tuyau en caoutchouc. Le compartiment supérieur, à moitié rempli de morceaux de pierre ponce, possède un couvercle en métal solidement attaché au vase au moyen d'un étrier en cuivre.

Figure 1. — RÉVÉLATEUR, *vu extérieurement.*
A Conduite de gaz. — L Manivelle — E E' Tube du manomètre en verre. — G G' Niveau du liquide. — K Bride assujétissant le manomètre.

Ce couvercle est percé de deux trous : l'un donne passage à un tuyau en plomb percé de petits trous a la partie inférieure. Ce tube est habituellement fermé par un bouchon en plomb muni d'un pas de vis. Il forme un petit entonnoir qui sert à introduire de l'ammoniaque liquide lorsqu'on veut chercher les fuites. La seconde ouverture porte un tuyau en plomb auquel on adapte un tube en caoutchouc.

Voici maintenant comme on opère : au moyen d'une vanne, on interrompt dans la conduite le passage du gaz, qui, au moyen du premier tube en caoutchouc, se rend dans le compartiment inférieur du vase en verre. Ce gaz, en passant dans le compartiment supérieur, entraîne peu à peu l'ammoniaque, qui imbibe la pierre ponce, et se rend ensuite dans la conduite, chargé de vapeurs ammonicales.

En promenant alors une tige de verre trempée dans l'acide chlorhydrique le long de la conduite toute entière, l'opérateur est averti du point où se trouve la fuite, lorsque cette tige dégage des vapeurs blanches, provenant de la formation du chlorhydrate d'ammoniaque.

On peut remplacer sans inconvénient l'acide chlorhydrique en nature par un papier réactif de tournesol, rougi par un acide faible.

La couleur de ce papier virera immédiatement au bleu lorsque l'on sera arrivé au point où la fuite existe.

Figure 2. RÉVÉLATEUR. *Coupe.*
A A" Conduite. — A' Ouverture traversant la clé du robinet. — L Manivelle. — d Communication avec le manomètre — E E' Tube en verre. — G G' Niveau. — X Abaissement. — X' Ascension.

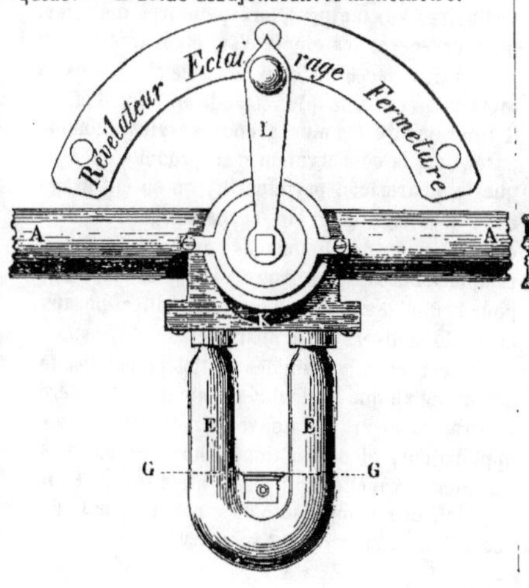

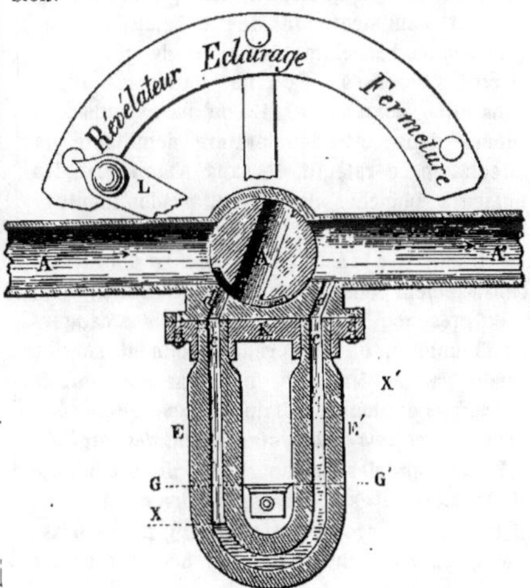

Figure 3. RÉVÉLATEUR.

Coupe verticale au milieu du boisseau.

L Manivelle. — J Cadran et support . — A' Ouverture oblongue traversant la clé du robinet. — B B Entailles sur la clé. — K Bride. — E Tube en verre.

Des expériences suivies auxquelles nous avons assisté, il résulte que l'appareil de M. Fournier présente les avantages suivants.

1° Sensibilité extrême qui permet de reconnaître instantanément et à chaque instant les fuites les plus minimes.

2° Faible volume occupé par l'appareil;

3° Augmentation de dépenses très-légères, le robinet indicateur tenant lieu du robinet ordinaire réglementaire ;

4° Révélation des points de fuite rendue facile et nullement dangereuse.

Ce sont ces avantages qui ont mérité à l'habile inventeur de ce révélateur, le prix des Arts insalubres (2,500 fr.) qui lui a été décerné par l'Académie des sciences, en 1861, d'après le rapport de MM. Dumas, Boussingault, Rayer, Combe et Chevreul.

MASSIÈRE, rue Saint-Martin, 220, à PARIS

PAPIER MÉTALLIQUE EN DOUBLÉ D'ÉTAIN

La condition la plus défavorable pour l'homme, est celle du séjour dans un appartement humide. Lorsque cette influence hygiénique agit longtemps sur son économie, elle la modifie sourdement, profondément. En soustrayant au corps une grande quantité de calorique, elle arrête peu à peu la transpiration cutanée, et alors s'expliquent l'augmentation des exhalaisons muqueuses, les bronchites, les maux de gorge, les diarrhées séreuses, en un mot toutes les affections dites catarrhales. Si l'on passe plusieurs années dans cette température débilitante, là circulation se ralentit, le sang s'appauvrit, les humeurs blanches deviennent prédominantes : de là des rhumatismes, des scrofules, la prédisposition acquise à la *phthisie pulmonaire*, par suite de l'abaissement constant du calorique animal.

En présence de ce tableau exact des dangers de l'humidité, on comprend l'éminent service rendu par M. Massière, qui, par son *Papier métallique* en doublé d'étain, *a résolu admirablement le problème de l'assainissement des localités.*

Pour apprécier la supériorité du produit de M. Massière, il suffit de se rendre compte que l'étain, plus poreux que le plomb, ne se laisse point, en revanche, altérer ni décomposer par le salpêtre des murs, et que le plomb interposé, plus dense, plus résistant, résiste en effet énergiquement à l'humidité, en même temps qu'il n'est point exposé à se déchirer, à se perciller.

Sans parler des applications nombreuses du papier métallique doublé d'étain, aux papiers ordinaires, aux tentures, aux peintures délicates. pour préserver les objets d'art étant appliqué au revers des glaces, tableaux, modifié alors dans sa fabrication par une plus grande addition d'étain, il rend encore les plus grands services comme garant de la conservation des produits de droguerie, pharmacie, parfumerie ; on en fait usage avec avantage pour le surbouchage des vins mousseux et des limonades gazeuses ; enfin il remplace les capsules dans bien des cas employés pour l'enjolivement des fioles, bouteilles, bocaux et produits divers de la pharmacie.

Du reste sous la main des praticiens habiles, le papier métallique en doublé d'étain de M. Massière pourra recevoir de nouvelles et ingénieuses applications, et depuis longtemps, les sociétés savantes auxquelles ce produit a été soumis l'ont apprécié et récompensé d'une manière digne de son habile et persévérant inventeur.

SIGAUT (J) rue Quincampoix, 101, à PARIS

PROCÉDÉS DE FABRICATION DU PAIN D'ÉPICE

Le pain d'épice joue un rôle plus important que on croit comme substances alimentaires. Le pain 'épice que les enfants aiment avec passion , t que nous-mêmes, peut-être, par un souvenir ui nous est cher parce qu'il nous rappelle notre nfance, nous mangeons encore avec plaisir, a ien son mérite dans l'alimentation, lorsqu'on a urtout la conviction qu'il est parfaitement fabri- ué. Il ne faut pas l'oublier, le pain d'épice, sous innocente blancheur d'un glaçage trompeur, ou a brune tunique, peut renfermer un mélange angereux ou au moins malsain.

Le pain d'épice, qui se fabrique dans un grand ombre de villes importantes, principalement à .eims, Paris, Orléans, Dijon, Chartres, Pithiviers, ille, Douai, Arras, Nancy, était connu des anciens. on usage paraît nous être venu d'Asie ; on lit ans les ouvrages anciens qu'on préparait à hodes un pain assaisonné de miel, d'un goût 'ès-agréable, que l'on mangeait avec délices près les repas ; que les Grecs connaissaient ussi le pain d'épice, qu'ils nommaient *melilates*. .e nom de pain d'épice lui fut sans doute donné ar les modernes, parce qu'il était préparé avec e la farine de seigle assaisonnée d'épices et pétrie vec du miel.

Nous avons parcouru les ateliers de M. Sigaut, ui sont dans les conditions d'hygiène et de sa- ubrité voulues : propreté parfaite, ventilation xcellente, lumière qui ne laisse rien à désirer ; uppression de la plupart des vaisseaux de cuivre, nachines, instruments divers qui permettent un ravail rapide, sûr et d'une propreté qui offre oute garantie pour le consommateur.

M. Sigaut, avec l'instruction et le talent qui le aractérisent, nous a fait suivre sa fabrication .ans les plus grands détails.

Disons d'abord que pour préparer le pain d'é- ·ice, M. Sigaut fait chauffer le miel pour le amollir, le laisse refroidir, y ajoute les aromates, ·itrons, oranges, etc., puis fait son mélange de *'arine de blé*, laisse la pâte en réserve le plus ongtemps possible, lui fait subir diverses mani- ·ulations et, avant de le mettre au four, la revêt 'une couche de blanc d'œuf et de sucre.

Les tôles sur lesquelles on fait cuire ces pains 'épices sont graissées à l'huile ou à la cire, ·elon les cas.

Voyons maintenant par quels moyens M. Sigaut est parvenu à créer, pour ainsi dire, une industrie nouvelle dans sa fabrication. C'est par l'emploi des machines, fours et appareils divers que nous allons signaler.

D'abord, il a adopté pour moteur l'ingénieuse machine Lenoir, qui, par la facilité avec laquelle on la met en marche ou on l'arrête, se prête merveilleusement à un service intermittent comme celui d'une fabrique de pain d'épice et de pâtis- serie sèche.

Cette machine, que nous avons vu fonctionner, est placée entre le magasin et l'atelier, et donne le mouvement à un arbre de transmission qui porte les poulies des machines - outils sui- vantes :

1° Pour la fabrication du pain d'épice, un pétrin mécanique système Gondolo, faisant quatre tours à la minute, entraînant et étirant la pâte et fonctionnant ordinairement avec 60 kilogr. de pâte ;

2° Une filière pour découper les oranges, fi- lière composée d'un balancier et d'un mandrin. Une écorce d'orange confite placée sur le man- drin est divisée d'un seul coup par le balancier en 255 rondelles;

3° Une machine à battre les glaces, faisant 150 tours à la minute ;

4° Une baratte pour les pâtes à biscuits faisant 120 tours par minute.

5° La machine pour mettre les blancs d'œufs en neige est le seul outil qui soit en cuivre. Elle se compose d'un vase conique fixe, dans lequel se meut un arbre horizontal, armé de tiges d'o- sier. Un des pivots de cet arbre est creux, et reçoit l'air envoyé mécaniquement par un soufflet caché sous l'appareil. Cette insufflation d'air pendant le battage a un double but: non-seule- ment elle est très-utile, l'été surtout, pour alléger les blancs, mais encore elle sert à maintenir une température égale, sans laquelle cette préparation deviendrait difficile. Pour faciliter le montage des blancs, on met dans le vase conique, et, pendant l'opération seulement, un cylindre sans fond, qui substitue ainsi ses parois verticales aux parois inclinées du cône.

Enfin nous avons pu apprécier les avantages du *moulin à piler le sucre*, débitant un pain de sucre en six minutes, et donnant des poudres saccharines plus ou moins fines selon qu'elles sont destinées à fabriquer des biscuits et des pains d'épice, ou des biscuits de Reims ; — Du *Four Gondolo* à deux étages, dont la hauteur est de 30 centimètres, la largeur de 2 mètres et la profondeur de 2 mètres 30 centimètres. — De l'*étuve* placée dans le voisinage de ces fours, et chauffée par la vapeur perdue, etc., etc.

A l'aide de tous ces procédés, M. Sigaut produit un pain d'épice salubre, à la fois digestif et rafraîchissant. Il produit aussi, en quantité considérable, des biscuits et petits fours ; 3,000 douzaines de biscuits peuvent être faites en un seul jour.

M. Sigaut n'emploie pas de farine de seigle dans ses pains d'épice ; mais il a introduit récemment le maïs uni à la farine de blé pour certains produits; l'un de ces produits a été présenté à l'Empereur Napoléon III, qui l'a accueilli très-favorablement.

En résumé, M. Sigaut, en vouant son intelligence, ses idées de progrès à sa fabrication, a placé son industrie au premier rang dans sa partie ; ses biscuits, ses pains d'épice au miel pur, ses pâtisseries sèches pour voyage de longs coûrs, ses gâteaux aux maïs pour le thé, brillent sur les tables de nos gourmets. Son établissement occupe dix-huit hommes et dix femmes. il fabrique chaque jour une moyenne de 500 douzaines de nonettes. 200 kilogr. de pain d'épice divers, 3000 douzaines de biscuits et une foule d'autres articles selon la saison.

M. Sigaut, qui est membre de plusieurs Académies et sociétés savantes, a obtenu une médaille de 1re classe, à l'exposition de Dijon (1858), 2 mentions honorables, 3 médailles de bronze, 3 médailles d'argent et 3 médailles d'or, etc.

GRÉINER, Pharmacien à Schiltigheim (BAS-RHIN)

APPAREIL POUR LA CONSERVATION DES SANGSUES

La question de la conservation et de l'élève des sangsues est l'une des plus capitales pour la médecine, pour l'assistance publique et pour l'industrie. On a épuisé successivement les marais de la France, de l'Italie, de l'Allemagne, de la Hongrie, et l'on est obligé, dans la plupart des cas, d'aller chercher ces annélides sur les confins de la Turquie, ce qui explique le prix élevé auquel se maintiennent les sangsues.

Dans le but de nous délivrer du tribut qu'on paye à l'étranger, on a cherché à utiliser de nouveau les sangsues qui ont servi, mais malgré les procédés nombreux imaginés dans ce but, le résultat n'a jamais été complétement favorable.

M. Greiner a eu l'heureuse idée de construire un appareil qui permet l'élève des sangsues, presque sans perte ; c'était là un problème important à résoudre, et les plus heureux résultats ont couronné cette idée

L'appareil de M. Greiner a l'avantage de conserver les sangsues beaucoup plus facilement que par les méthodes ordinaires. Cet appareil est en zinc, et divisé en deux compartiments latéraux, l'un pour la vente des annélides, l'autre pour les provisions. L'eau de puits est celle qu'emploie M. Greiner, et bien que cette eau contienne des sels calcaires préjudiciables aux sangsues, il les conserve d'une manière sûre, économique, au moyen d'un filet d'eau qui coule de bas en haut de l'appareil, renouvelle ainsi constamment le liquide, et évite de changer brusquement sa température, ce qui aurait une influence pernicieuse sur ces êtres délicats. Pendant la saison froide, M. Greiner place simplement dans l'appareil de la terre glaise humectée. Nous devons ajouter que le zinc étant conducteur du fluide électrique, la surcharge d'électricité atmosphérique dans les temps orageux ne réagit nullement sur les annélides.

Les pertes de sangsues sont presque insignifiantes au moyen de l'appareil de M. Greiner. Pendant les plus fortes chaleurs de l'été, il ne perd que 8 à 12 sangsues sur 1,000. Par la méthode ordinaire, il en perdait quelquefois 30 d'un jour à l'autre. Quand l'appareil de cet habile pharmacien sera généralisé, la France seulement sera débarrassée du tribut de plus de trois millions qu'elle paye à l'étranger.

SIMON, Manufacturier, rue Saint-Honoré, 183, PARIS

CORSETS ORTHOPLASTIQUES HYGIÉNIQUES

Un des plus grands philosophes qui aient honoré la France a dit : *Tout est bien sortant des mains du Créateur, tout dégénère entre les mains de l'homme.*

C'est relativement à la femme, c'est surtout contre l'usage des corsets trop serrés, usage désavoué par la raison, mais toujours entretenu par la coquetterie, que Rousseau, s'est élevé, sans que sa voix éloquente ait rien pu obtenir alors de ses conseils sincères et de l'exposé des dangers qu'entraîne avec lui cette espèce de lien constricteur.

Il nous est facile, comme médecin, d'apprécier les dangers d'un vêtement comprimant à la fois la poitrine et le ventre. Bien que ces deux cavitées se touchent par leur base, le corset serré change violemment cette disposition normale, puisqu'il donne l'image de deux cavités qui tendent à l'étrangler à leur point d'union Ce n'est pas tous, le thorax et l'abdomen doivent varier leur diment sion à chaque seconde pour effectuer l'acte de la respiration, et voilà que le corset vient leur opposer violemment une sorte d'immobilité ! Que résulte-t-il de là ? Que la circulation et la respiration sont gênées et que les viscères du bas-ventre sont comprimées et refoulés. — Il n'est pas de médecins qui n'aient vu des crachements de sang, des phtisies pulmonaires dont ils ne devaient pas chercher la cause ailleurs.

Nous venons de parler de la circulation et de la respiration; mais la digestion elle même n'a pas dans ces dérangements fonctionnels. De là, ce anxiétés, ces douleurs insupportables et profondes qu'éprouvent les jeunes filles après leurs repas...

Si les conseils de la science sont sans influence contre une mode qui est la source de tant de maux, nous croyons que la loi devrait intervenir, au nom des femmes et des générations futures.

En effet, il n'est pas un seul homme, quelque peu familier avec les principes les plus élémentaires de l'hygiène et de la philosophie, qui ignore que la femme ne compromet pas seulement son existence, mais encore celle des enfants qui naissent d'elle, en employant un mode vicieux pour les corsets. La femme, appelée à devenir mère, a besoin du concours de tous les organes de la vie pour partager son existence avec l'être qu'elle porte dans son sein. Ses digestions doivent être légères, sa circulation modérée, sa respiration libre Or, ces fonctions peuvent-elles s'accomplir d'une manière convenable, lorsqu'un étau vient comprimer ce que la nature a voulu laisser libre ? Le législateur ne serait donc pas blâmable lorsqu'il voudrait atteindre de son glaive un usage qui nuit à la bonne constitution de la société.

Tel est le mérite des corsets orthoplastiques hygiéniques, dont M. Simon est l'inventeur, lesquels ne présentent aucun des inconvénients et des dangers que nous venons de signaler.

Depuis de longues années des tisseurs s'occupaient de la fabrication de corsets sans couture, vêtements inachevés et incorrects, très-peu capables de s'appliquer convenablement au corps

M. Simon, fabricant et habile professeur de coupe, prévoyant tout l'avantage qu'on pourrait retirer des corsets sans couture, se livra à des recherches et à des essais nombreux, qui furent couronnés du plus légitime succès. Dessiner le corset fil par fil, lui donner une solidité, une finesse, une souplesse, enfin une grâce parfaite. tel est le problème que ce laborieux inventeur est parvenu à résoudre.

Maintenir les formes à l'aide d'un tissu solide, revêtu de cordons plats et élastiques, et rendre au buste le plus mal fait les avantages de la forme la plus régulière, prévenir les difformités, tels sont les premiers avantages dus à l'usage du corset orthoplastique ; c'est pourquoi M. Simon lui a donné ce nom, très-heureusement composé de deux mots grecs (*orthos-paidea*). Rendre la forme droite et régulière, faciliter la respiration et surtout les digestions, tel est le but hygiénique auquel atteint sûrement le corset de M. Simon.

Nous ne parlons pas de la grâce, de la forme élégante de ces corsets : il suffit de dire ici, que les dames qui en ont porté ne peuvent plus en avoir d'autres, tant elles reconnaissent les avantages de l'invention dont nous parlons.

Ajoutons, enfin, qu'au moyen de garnitures d'une simplicité extrême, sans tuteurs, plaques de fer ou autres appareils employés dans les corsets orthopédiques, qui blessent toujours les parties en contact avec eux, les corsets de M. Simon dissimulent admirablement les difformités, si pénibles pour les dames.

DEWINGLE, Facteur d'Orgues, rue Ancelot, 70, à PARIS

ORGUES À TUYAU ET A ANCHES LIBRES DITES HARMONIUMS, ETC.

L'harmonium, l'orchestrium, le mélodium, le symphonium, etc., ne sont et ne forment, pris isolément, qu'un seul et même instrument dont l'appellation rationnelle est ORGUE EXPRESSIF, et dont l'élément essentiel a pour base l'*anche libre*, unie à une *soufflerie* à pressions d'air variées.

Disons d'abord qu'on appelle *anche libre*, une languette de métal vibrant, sous l'action de l'air en mouvement, entre les parois d'un petit cadre sur lequel elle est fixée par une de ses extrémités. L'invention de cette languette dit Maigne, est originaire de la Chine, où on l'applique, depuis plus de deux mille ans, à une espèce de petit orgue portatif appelé *cheng*. Son utilité parait avoir été signalée, pour la première fois, aux facteurs européens par Bedos de Celles, 1766, mais c'est au Bordelais Grenié que revient l'honneur de l'avoir introduite dans la pratique de l'industrie. Ce dernier s'en servit, dès 1810, pour construire un orgue qu'il appela *expressif*, parce qu'en comprimant plus ou moins l'air qui faisait vibrer les anches libres, on obtenait l'expression, c'est-à-dire toutes les nuances possibles d'intensité entre le son à peine entendu et le son le plus énergique. Toutefois, cette innovation eut alors peu de succès, parce que le mécanisme de notre compatriote présentait de trop grandes imperfections. Bientôt, cependant, les Allemands apportèrent au jeu des Anches des perfectionnements qui produisiront successivement l'*Organo-violine* d'Eschenbach (1814), l'*Éoline* de Schlimmbach (1816), l'*Éolodicon* de Voit (1818) et de Reich (1820), le *Physharmonica* d'Antoine Hackel (1818), et, enfin, l'*Accordéon* (1825). Les travaux de ces divers artistes et de plusieurs autres qui firent des essais dans la même voie, n'aboutirent, il est vrai, qu'à produire des instruments de simple curiosité, mais, à partir de 1836, MM. Fourneaux père et Debain, facteurs d'orgues à Paris, les portèrent à un degré de perfection inconnu jusqu'alors, ce qui les conduisit à créer les petites orgues expressives de chambre et de chapelle qui, sous les noms d'*Harmoniums*, de *Mélodiums*, de *Symphonistas*, etc., sont aujourd'hui d'un usage si commun.

On doit en outre à Martin, de Provins, le système dit à *percussion*, par lequel, en même temps que la touche ouvre la soupape du sommier, elle chasse un petit marteau sur la languette vers son point d'attache, ce qui la fait articuler avec une prestesse et une netteté parfaites.

• M. Dewingle, premier fournisseur des églises et des communautés religieuses, est l'auteur d'importants perfectionnements à la facture d'orgues à anches libres et à tuyaux. Tous ses instruments sont d'abord établis avec le *clavier transpositeur perfectionné, et leur étendue est de 5 octaves d'ut à ut*, non compris une octave de touches en plus pour la transposition complète des douze notes.

En outre, ils possèdent les perfectionnements qui lui ont valu la délivrance d'un brevet d'invention de 15 années, savoir :

1° Les *tirants perfectionnés* annulant l'emploi des vergettes qui consistent en tiges de bois longues et droites, appuyant sur les soupapes des notes par deux, trois, quatre rangs de clous à vis et qui sont on ne peut plus défectueuses.

2° *Les nouveaux casiers* renfermant les jeux, combinés de manière à *éviter les emprunts, les sons faux* et à *conserver l'accord*.

3° Enfin la simplification du mécanisme des soupapes d'introduction d'air.

Nous avons vu dans les ateliers de M. Dewingle :

1° un orgue portatif à registre, principalement destiné aux lutrins des paroisses rurales et aux écoles communales. Ce nouveau modèle est à clavier transpositeur et possède un jeu et demi, trois octaves et demie d'étendue, deux registres : Voix Célestes et Trémolo, Caisse en bois de chêne massif de grand format et à panneaux pleins, fixé à sa dernière limite de bon marché, 125 francs.

A jeu ouvert, cet instrument rend les sons du Bassons et de la Flûte, et avec ses deux registres, ceux de la Voix Céleste, et du Trémolo qui agit sur tout l'ensemble. Sa soufflerie très-étanche est mise en mouvement par deux pédales; enfin sa caisse est construite avec autant d'élégance que de solidité.

2° Des *modèles de forme horizontale*, n° 2, 1 jeu 1/2 4 octaves et 4 registres (160 fr.) — 3° Idem n° 3, 1 jeu 1/2, 92 notes, 6 registres (250 fr.) — 4° Idem n° 4, 9 registres (330 fr.); — 5° des modèles de formes verticales ou horizontales jusqu'à 7 jeux. 450 notes et 22 registres (1150 fr.) Enfin la maison Dewingle se recommande par la publication et la vente de musique religieuse, entre autres de la *Bibliothèque économique des lutrins paroissiaux*, ou série d'ouvrages théoriques et pratiques, mettant la musique d'église et le plainchant à la portée de toutes les intelligences et de toutes les ressources, tant par la lucidité, la simplicité, l'étendue et la variété des recueils, que par les soins apportés à leur composition, à leur classement méthodique, enfin à leur exécution matérielle, tout en restant dans les limites d'un bas prix exceptionnel.

CHAURÉ (Jean-Eugène)

HORTICULTEUR ET INDUSTRIEL FRANÇAIS

RUE DE LA CHAUSSÉE D'ANTIN, N° 22, A PARIS

M. Chauré est né à Vitry-le-François, le 3 mars 1821, de bons propriétaires de vignobles; orphelin dès l'âge de 11 ans, il dut devenir homme de bonne heure et songer à se créer une position honorable. Doué d'un génie observateur, d'un goût inné pour l'horticulture, il ne put céder tout d'abord à ces aptitudes. Il embrassa la profession de libraire, et pendant 17 années qu'il l'exerça, il cultiva ses études favorites et obtint dix médailles aux concours agricoles et horticoles de Châlons sur-marne, Strasbourg, Vitry-le-François, Chaumont, etc.

De 1851 à 1854, M. Chauré étudia 23 variétés de pomme de terre *(solanum tuberosum)* sur lesquelles il observa la quantité de produits qu'elles peuvent donner (certaines variétés produisent 5 fois plus que d'autres) la matière nutritive qu'elles contiennent (de 17 à 27 pour 100), leur prédisposition à être atteinte de la maladie qui en altère ou détruit la fécule, etc, etc. Les nombreuses expériences faites sur ce sujet l'avaient amené à connaître les causes de cette maladie, à les supprimer ou à les faire naître à volonté. Pour M. Chauré, la maladie de la pomme de terre n'existait plus, puisqu'il pouvait la prévenir aussi sûrement que le médecin prévient la variole.

A l'exposition du concours agricole de Vitry-le-François (1854) M. Chauré exposa le résultat de ses trois années d'études et d'expériences, c'est-à-dire 23 variétés des *solanum tubé osum*, produit moyen d'une touffe, avec application de ses qualités pour la table, de sa valeur nutritive pour l'homme et pour les animaux et du danger de la maladie pour ses différentes variétés. Ce travail, qu'avait admiré Jacques Valserres, l'écrivain agricole du Constitutionnel, n'obtint qu'une médaille de bronze! Notre nouveau Parmentier crut entrevoir, dès lors, que quand un homme se dévouait à la recherche de la vérité, il ne peut pas toujours espérer l'appréciation judicieuse de ses concitoyens. Désillusionné comme tant d'autres, il ferma le livre de ses expériences, et en remit l'impression à l'époque où il serait assez riche pour faire de la philantropie.

On doit encore à M. Chauré : 1° Un *Casier or-thographique*, destiné à l'instruction des jeunes enfants

Ce casier est une boîte de trente-cinq compartiments contenant 345 lettres ou chiffres peints sur des blocs en bois. Chaque lettre de l'alphabet est représentée par cinq majuscules et cinq minuscules. Les chiffres arabes sont aussi représentés chacun par cinq, au revers desquels sont en nombre proportionné à leur usage toutes les lettres accompagnées des accents, apostrophes et trémas, ainsi que les voyelles, dont l'auteur a considérablement augmenté le nombre en raison de leur emploi fréquent. Les zéros seuls restent blancs à leurs revers, et servent à la séparation des mots. Les chiffres romains se trouvant dans le corps de l'alphabet, on n'a pas jugé nécessaire de les mettre à part.

Cette invention est appelée à jouer un grand rôle dans l'enseignement, car elle fournit au maître et à l'élève des moyens plus faciles et plus prompts pour atteindre le but qu'ils se proposent.

2° Un *Boulier compteur à bandes verticales;*

3° Un *Tableau d'honneur* pour les écoles.

Ces diverses inventions méritèrent à l'auteur plusieurs récompenses. Elles eurent le plus grand succès, auprès de nos instituteurs. Mais une circulaire ministérielle du 8 mai 1860 rappelant aux recteurs de France qu'ils ne doivent permettre dans l'enseignement que l'usage des livres et instruments autorisés par l'instruction publique, vint encore frapper M. Chauré. Il vendit sa librairie et se rendit à Paris.

Il se rappela que dans sa famille, il y avait une bonne liqueur, fort appréciée de ceux qui la dégustaient; il compara la dite liqueur avec les plus en vogue de la capitale, et se dit qu'en l'accommodant au goût des amateurs de bons spiritueux, il pourrait la faire non-seulement des plus agréables au goût mais saine : en quelques mois d'expériences réitérées, il parvint à composer la *liqueur de champagne* dans laquelle il a eu l'heureuse idée d'introduire une infusion de *salix*, qui, jointe aux autres éléments qui entrent dans sa composition, font de cette liqueur la meilleure et la plus salubre connue.

LORIOL, chirurgien herniaire de la marine impériale, fournisseur de l'administration des postes, etc , successeur de Burat, rue Mandar 12 et 14, à Paris.

Tous les médecins savent qu'un bandage, pour être parfait, pour bien s'appliquer et contenir une hernie convenablement, doit réunir les conditions suivantes :

1° Pression soutenue et graduée ;

2° Légèreté de l'appareil ;

3° Efficacité certaine ;

4° Durée infinie.

Quand à ces conditions se joint le bon marché, l'inventeur d'un tel appareil herniaire a droit à toutes les sympathies.

Bandage simple, c'est-à-dire d'un seul côté, à vis de pression et à belière.

Bandage double, des deux côtés, à vis de pression et à belière.

Tels sont les nouveaux bandages à vis de pression et à belière, fabriqués par M. Loriol, lesquels permettent d'obtenir les plus heureux résultats. Par ces appareils, la pression sur l'abdomen n'est nullement incommode, pénible : le bandage remplit les fonctions de la main du sujet, c'est-à-dire qu'il se place sur l'anneau herniaire, le ferme hermétiquement , et presse légèrement sur le pubis, afin d'empêcher la descente de la hernie dans le scrotum. Dans ce système, la vis opère la pression sur l'abdomen, et la belière qui sert à donner de l'inclinaison à la pelote, selon les dispositions du bassin du malade, permet d'obtenir cette pression de bas en haut, ce qui empêche la hernie de glisser.

Des attestations médicales nombreuses, des récompenses obtenues aux expositions de l'industrie en France et en Angleterre, témoignent de la perfection apportée par M. Loriol à la fabrication de ses appareils. Nous avons vu dans ses ateliers des bandages à brisures et à pivot excentrique, des ceintures hypogastriques à clef et à pivot, des appareils pour la chute du rectum, contre l'onanisme, etc.; le tout exécuté dans des conditions qui ne laissent rien à désirer.

DEFFIS, phothographe, rue Beaujolais, Palais Royal, 5, à Paris, est l'inventeur des photographies en couleurs fixées pour la lumière.

On sait que les portraits coloriés, livrés au public jusqu'à ce jour, sont obtenus par l'application des couleurs au pinceau sur l'épreuve photographique ; aussi la ressemblance est-elle toujours altérée et souvent détruite. Lorsque cette application est faite par un artiste de talent, la photographie disparaît pour faire place au travail du peintre, travail qui, bien que flatteur, est rarement la représentation exacte de la vérité.

Le procédé nouveau de M. Deffis, lui permet de livrer des portraits sortant des clichés avec les couleurs naturelles. C'est à l'aide de substances particulières, donnant des épreuves qui présentent de véritables cristallisations, que M. Deffis obtient des portraits en couleurs inaltérables et d'une ressemblance parfaite.

Nous avons vu opérer M. Deffis, et nous devons dire que son procédé est des plus ingénieux, et qu'il permet d'obtenir des reproductions de détails, d'une finesse admirable, inconnue jusqu'à ce jour.

STÉNARITHNIE. Ce mot, qui signifie abréviation des calculs. est le titre d'un livre de M. Gossart, imprimé en 1852, et qui contient des méthodes nouvelles de calculs. Ces méthodes sont fort ingénieuses ; elles facilitent toutes les opérations de l'arithmétique et permettent souvent de les effectuer de mémoire. La multiplication, par exemple, peut se faire de 7 manières différentes, et le choix de celle qu'il convient d'employer, dépend de la nature du problème ; le plus souvent elle n'exige que de simples additions ou des soustractions; la division a reçu les mêmes perfectionnements ; mais ce qui paraît le plus remarquable dans la sténarithnie, c'est la facilité avec laquelle on peut trouver des racines carrées, cubiques, quatrièmes, etc.; ces calculs qui étaient pour ainsi dire impossibles sans logarithmes, sont devenus, par la sténarithnie, aussi simples que tous les autres. La sténarithnie a en outre révélé la possibilité d'établir des tables de carrés au moyen desquelles les grands calculs de l'astronomie, de la navigation, des Ponts-et-Chaussées, etc., peuvent se faire très-facilement et donnent des résultats exacts, tandis que les logarithmes ne fournissent que des nombres approchés, toutes les fois qu'on sort de la limite des tables.

PLANCHAIS, Parfumeur-Chimiste, r. Basse-du-Rempart. 72, Paris

Le mot *parfum* a deux acceptions : tantôt il exprime l'odeur aromatique, agréable, plus ou moins forte, plus ou moins subtile et suave, qui s'exhale d'une substance quelconque, particulièrement des fleurs. C'est dans ce sens qu'on dit le *parfum de la rose*, le *parfum de l'encens*. Tantôt il désigne les corps mêmes d'où s'exhalent les différentes odeurs qui excitent en nous une sensation de plaisir. On doit l'entendre en ce sens quand on parle des parfums de l'Orient et de tous les parfums simples ou composés.

Les anciens Grecs regardaient les parfums non-seulement comme un hommage qu'on devait aux dieux, mais encore comme un signe de leur présence. Les dieux, suivant la théologie des poètes, ne se manifestaient jamais sans annoncer leur apparition par une odeur d'ambroisie.

A quel degré les Romains n'ont-ils pas poussé leur luxe dans les odeurs, soit pour l'usage des sacrifices, soit pour donner une marque de leur respect envers les hommes constitués en dignités ? On s'en servait encore aux spectacles et dans les bains; les roses y étaient prodiguées,' et la profusion des parfums devint si excessive dans la célébration des funérailles, que l'usage en fut défendu par la loi des Douze Tables.

Une telle défense dit Bosc n'eut jamais lieu chez les Orientaux, bien plus avides encore des parfums que les Romains. De tous les peuples du monde, ils sont ceux qui en ont fait dans tous les temps, et qui en font encore aujourd'hui le plus grand usage. Cela doit être : la nature les leur a prodigués, et ils vivent sous un climat dont la douce température invite à la propreté, compagne inséparable du plaisir.

En général, dans les pays chauds, les nerfs sont plus délicats, les sensations plus vives, et les hommes plus habituellement disposés à la volupté. L'odorat est l'organe favori des sens; il est rare qu'ils ne soient pas éveillés par lui; presque toujours une odeur forte et suave, en ébranlant le cerveau et les nerfs, produit en nous une sensation favorable à l'amour. Les femmes ne l'ignorent pas. C'est sans doute une des raisons pour lesquelles elles aiment tant les odeurs. Non contentes de parfumer leurs cheveux et leurs vêtements, elles font usage d'élixirs et de savons odoriférants, de pâtes et d'eaux de senteur de toute espèce pour blanchir leurs mains et leurs dents, rendre leur teint plus frais ; leur haleine plus douce, et donner à leurs lèvres le parfum et la couleur vremeille de la rose.

Parmi les établissements de parfumerie qui méritent une mention dans notre Encyclopédie, nous devons citer l'élégante maison de M. Planchais dont les produits sont extraits des fleurs les plus exquises en parfums, des plantes les plus riches en arome, des baumes les plus odoriférants. Une des spécialités remarquables de cette maison est l'*Eau de fleurs de Lys* pour le teint, dont l'analyse chimique démontre son action physiologique sur le tissu cutané.

Originaire de l'Orient, le lys, symbole de la grandeur et de la majesté, s'est naturalisé depuis des siècles dans nos jardins, dont il fait un des plus beaux ornements par l'éclat et la suavité de ses fleurs. Les anciens retiraient de cette plante une eau distillée odorante, employée comme antispasmodique, et une huile très-adoucissante, usitée contre les brûlures, les gerçures de la peau.

Après de longues recherches, M. Planchais est parvenu à composer son *Eau de fleurs de Lys* pour le teint, qui est l'une des préparations cosmétiques les plus hygiéniques que nous connaissions. C'est, du reste, la seule eau de ce genre qui soit brevetée en France.

Pour arriver à ce résultat, cet habile chimiste a dû étudier la structure et les fonctions de la peau, afin de se rendre compte de la nature des altérations que subit cet organe, et de trouver les moyens rationnels de les combattre. En s'aidant des ressources de la physiologie, il a pu constater que c'est dans les capillaires de la trame vasculo-nerveuse du système cutané qu'il faut chercher l'origine des taches, des colorations anormales, des secrétions accidentelles, des éruptions, des efflorescences, des végétations morbides qui assombrissent l'éclat du teint, ou altèrent visiblement le tissu même de la peau. — C'est sur cette étude approfondie de l'organisme que M. Planchais a basé la composition, toute chimique, de son eau de fleurs de lys, que nous regardons comme un excellent moyen préventif des affections cutanées.

Il résulte, d'ailleurs, d'expériences suivies, que cette eau possède des propriétés spéciales pour blanchir et adoucir la peau, calmer le prurit, les démangeaisons auxquelles elle est sujette, faire disparaître ces *éphélides* vulgairement nommées *taches de rousseur*, *pannes*, *cloasma*, et toutes ces altérations résultant d'une modification de texture du réseau muqueux de la peau.

Ajoutons que l'*Eau de fleurs de Lys* de M. Planchais contribue non-seulement à donner au teint un éclat que ne peuvent altérer l'air ni l'action du soleil, mais encore à procurer au tissu épidermique du visage ce velouté si recherché, cette pureté, cette transparence, qui lui assurent au plus haut degré l'accomplissement des facultés dont elle est douée.

DELAMARE, Pharmacien à Bourg-Achard (Eure)

NOUVEAU SICCATIF BRILLANT
OU
CIRAGE VERNIS

Dans les arts et l'industrie, on donne le nom de Vernis à des matières qui, étant appliquées en couches minces, se dessèchent à l'air, et préservent ainsi les objets qu'elles recouvrent de l'action destructive des agents physiques. Les vernis se préparent en général avec des huiles siccatives ou avec des solutions de résine. Les *vernis à l'esprit* sont les plus brillants et les plus cassants. Ce sont des dissolutions alcooliques de résines, telles que la sandaraque, la laque en écailles, le mastic, l'élémi et le copal. Les ébénistes se servent d'ordinaire d'une solution alcoolique de laque en écailles, qu'ils frottent sur les boiseries avec un morceau de drap imprégné d'huile. Par la dessiccation, l'alcool s'évapore et la résine forme une couche imperméable à l'air et à l'eau. Les résines nommées constituent les *vernis à l'essence* ou les *vernis gras*, suivant qu'elles ont été dissoutes dans l'essence de térébenthine, ou dans l'huile de lin, d'œillette ou de noix. Les vernis sont colorés par le curcuma, la gommo-gutte, le sang-dragon, la cochenille, le bois de sandal, l'indigo, le cinabre, l'arséniate de cuivre, etc.

Les *vernis à l'éther* s'emploient en bijouterie pour réparer les accidents qui arrivent fréquemment aux émaux et aux bijoux : c'est ordinairement du copal dissous dans de l'éther sulfurique : ces vernis sont tellement siccatifs que nous les avons vu bouillonner sans le pinceau par l'effet de la rapide évaporation de l'éther.

Les vernis gras étaient jusqu'à ce jour les plus solides, mais aussi les moins sicatifs. Ils servaient le plus souvent pour les équipages de luxe, les objets en tôle, etc. ; la découverte de M. Delamarre a cet avantage de procurer un excellent vernis à la fois solide et siccatif. Décrivons les propriétés de ce nouveau produit.

Le Karabé vernis, est une matière noire liquide, qu'on peut appliquer en couches minces, à l'aide d'un pinceau, sur une foule de corps, pour les préserver de l'humidité et de l'air, tout en leur donnant *instantanément* un aspect brillant et agréable.

Nous avons essayé ce produit sur de vieilles chaussures, et nous avons été surpris de la promptitude avec laquelle il a séché, et de la beauté du luisant. Nous sommes persuadé que le nouveau siccatif de M. Delamarre est appelé à un succès aussi juste que mérité. Du reste, l'auteur qui est médecin et pharmacien chimiste, lauréat de l'école de Rouen, etc. n'a point hésité à attacher son nom à un produit aussi recommandable pour une foule d'usage domestiques, et nous l'en félicitons sincèrement, car cette invention est des plus utile et éminemment pratique.

Comme nous le disions, le 25 septembre dernier à la Société des sciences industrielles de Paris, qui a honoré d'une récompence le siccatif de M. Delamarre :

« Il ne faut pas se le dissimuler, aujourd'hui
» surtout que les arts et les sciences sont remar-
» quables, non-seulement par l'étendue de leurs
» découvertes, mais principalement par une ten-
» dance bien prononcées vers les applications
» utiles et usuelles, l'homme d'étude ne doit plus
» chercher la folle gloire d'ajouter quelques théo-
» ries brillantes à tant de théories nées pompeu-
» sement, et presque toujours restées inertes ou
« reconnues inaplicables ; sa mission devient de
« jour en jour plus impérieuse et mieux déter-
» minées, car le public ne la tient pour accom-
» plie qu'autant que ses travaux se placent dans
» les conditions d'une pratique constante et
» facile.

C'est là, d'ailleurs, le but qu'à atteint avec bonheur l'habile chimiste dont nous parlons, et des expériences récentes ont démontré que le Karabé est appelé à jouer un grand rôle dans l'économie domestique, car, non-seulement il détrone tout d'un coup le cirage pour les chaussures, les compositions de bleu de Prusse, de thérébentine, de cire et d'acide sulfurique employées pour les harnais, mais encore une foule d'autres vernis qui ne préservaient qu'à demi les métaux de l'oxidation.

Pour les harnais, le Karabé est le plus beau des vernis : c'est l'élégance des équipages, capotes de voitures, etc.

En un mot, ce produit, qui ne contient pas d'acide, que ne dissolvent pas l'eau, l'alcool, les corps gras, constitue le meilleur procédé de conservation et d'imperméabilisation des cuirs.

PIVER (L. T.) Parfumeur savonnier à Paris.

Les savons de toilette sont extrêmement variés : leurs parfums, leurs nuances, leurs dénominations, innombrables.

On les parfume aux parfums de toutes les fleurs, des baumes, etc., et souvent le mélange heureux de différentes senteurs forme de délicieux bouquets.

Paris possède le monopole de la fabrication des savons de toilette. C'est le suif de bœuf et de mouton, la graisse du porc, les huiles d'olives, d'amandes et de palmiers qui produisent les savons les plus doux, les plus onctueux. Débarrasser ces différentes matières de leur odeur *sui generis*, afin que, saponifiées avec le plus grand soin, elles puissent prendre les parfums les plus délicats, tel est le problème dont la solution n'existe aujourd'hui que dans le laboratoire du parfumeur chimiste.

Une maison de parfumerie de Paris, dont l'industrie s'est élevée aux proportions d'un des arts les plus utiles au monde élégant, la maison L.-T. Piver a eu l'heureuse idée du *Savon de Toilette au suc de laitue*, et de diverses parfumeries à base de *lait d'iris*.

Le but que s'est proposé M. Piver, dans la préparation de ses savons de toilette, a été de les désalcaliser et de les priver de toutes les substances actives qu'ils peuvent renfermer. La science lui a démontré l'action physiologique de ces substances sur la peau, action telle, qu'elles la corrodent à la longue.

Lessiver plusieurs fois ce savon pour en retirer tout l'alcali, le broyer, l'additionner de ces baumes riches en acide benzoïque, que vient neutraliser le suc de laitue, tel est le problème résolu par M Piver avec un rare bonheur.

Un tel savon jouit de propriétés adoucissantes et toniques incontestables. Par les premières, il contribue à adoucir les irritations cutanées, à calmer le prurit et les efflorescences épidermiques ; par les secondes, il donne du ton aux membranes muqueuses, contribue à la souplesse du corps, favorise enfin la transpiration et les diverses fonctions que la nature a assignées à la peau.

Il est inutile, d'ailleurs, d'insister sur l'importance de la parfumerie L.-T. Piver, qui, se préoccupant avant tout de l'hygiène, demande à la chimie des combinaisons salutaires, étudie avec soins ses matières premières, et les coordonne d'une manière rationnelle, en parfaite harmonie avec le bon goût et la raison.

M. Piver a fait une savante application de la mécanique et des machines à la fabrication de ses savons et autres parfumeries ; il possède, à Grasse et à la Villette, des usines spéciales ; à Paris, un entrepôt général et cinq maisons de détail, enfin, des succursales à Londres et à Bruxelles.

CHAPEAU, autrefois *Chapel*, coiffure d'homme dont la forme a souvent varié, et qui est ordinairement faite de feutre, de castor, de peluche de soie, de cuir, de carton, de paille, etc.

Avant le règne de Charles VI, a dit un auteur, les chapeaux étaient inconnus en France ; il n'y avaient que des bonnets, des aumusses, des chaperons, des mortiers : on commença de son temps à porter des chapeaux à la campagne. Sous Charles VII, on n'en faisait usage qu'au temps des pluies. Sous Louis XI, on s'en servit en tout temps. Mais ce ne fut que sous François Ier que l'usage commença à en devenir général. Pendant longtemps il fut défendu aux prêtres de s'en servir. Les premiers chapeaux eurent la forme plate et les bords assez larges ; on les ornait de plumes. Sous Henri IV, la forme s'exhaussa, et l'on retroussa un des bords ; bientôt, on en retroussa deux, et enfin tout le tour du chapeau ; plus tard, la forme s'applatit de nouveau. Sous Louis XIV et sous Louis XV, l'habitude de porter perruque rendit le chapeau presqu'inutile : on le portait plus souvent sous le bras que sur la tête. Le chapeau, rond au XVIIe siécle, devint tricorne à la fin du XVIIIe ; aujourd'hui, il est plus ou moins cylindrique.

Le chapeau à claque date de 1777. L'industrie des chapeaux de soie naquit à Florence, et fut introduite vers 1770 à Paris. En 1824, parurent les *chapeaux pliants*, inventés en Angleterre et importés dans notre pays par M. Gibus ainé (1834) ; en 1844, Duchène ainé dota les chapeaux mécaniques d'un ressort à pompes s'appuyant sur une articulation excentrique qui leur permettait de s'ouvrir spontanément et de se fermer sous la moindre pression. Enfin, en 1862 parut le *chapeau électrique* de Bouvret, boulevard Sébastopol 39. Cette invention est simple et peut s'appliquer à toutes les coiffures ; l'appareil composé d'une double armature (feuille de zinc et feuille d'or) est disposé dans le cuir ; lès feuilles du double métal s'enlacent, passent et repassent en formant comme une broderie d'une légèreté et d'une délicatesse d'un très-bon effet ; le contact suffit pour développer immédiatement un courant électrique, qui se fait sentir semblable à un souffle léger, et produit sur tout l'organisme une action bienfaisante qui non-seulement préserve de toutes irritations, migraines, mais encore procure une fraicheur constante, un bien-être général.

PERIN, Mécanicien, r. du fg. St. Antoine 97, à Paris, fournisseur des arsenaux et ports maritimes, breveté pour les constructions spéciales de *scies à lame sans fin*, appliquées au débitage et au chantournement des bois. — Dès l'antiquité, on connaissait les *scies à mains*, comme le prouvent les monuments sur lesquels elles figurent. Au 4e siècle de notre ère, le poète Ausonne, qui vivait alors, mentionna dans ses œuvres, les scieries mécaniques : elles étaient à lames verticales et à mouvement alternatif, et leur moteur était une roue hydraulique. Les scieries à mouvement continu, dit W. Maigne, sont une des plus précieuses acquisitions de l'industrie moderne. Elles diffèrent surtout des précédentes en ce que leur outil coupant est une *Scie circulaire*, c'est-à-dire un disque d'acier muni de dents sur sa circonférence et percé d'un trou central dans lequel passe un arbre de fer qui reçoit d'un moteur quelconque, le plus souvent d'une machine à vapeur, un mouvement de rotation très-rapide. On attribue généralement leur invention à l'illustre Isambar-Marc Brunel, qui l'aurait faite en 1805, mais Samuel Bentham s'en servait déjà en Angleterre depuis 1793. Elles n'étaient même pas tout à fait inconnues dans notre pays, où, en 1798, le mécanicien Albert en avait fait breveter plusieurs, qu'il appelait *Scies sans fin*. Une chose cependant appartient à Brunel, c'est que ce sont les perfectionnements dont il dota les Scies de ce genre qui ont répandu l'usage de ces appareils. Depuis le commencement de ce siècle, peut-être même avant on a plusieurs fois essayé, dans les scieries mécaniques à mouvement continu, d'employer des Scies formées, soit de plusieurs petites lames ajustées comme les anneaux des chaînes à la Vaucanson, soit d'un ruban unique d'acier, soudé par les deux bouts et roulant sur deux cylindres ou sur deux poulies, mais ces innovations ont généralement eu peu de succès.

La maison Perin dont le nom est inséparable de la *Scie à lame sans fin*, restera longtemps en première ligne pour ce genre de construction, dont elle a fait l'étude la plus complète ; la fabrication des lames, auxiliaires si précieux de ces remarquables appareils, est également traitée avec les plus grand soins ; résultant d'une longue expérience pratique, elles jouissent d'une réputation méritée notamment en Angleterre.

Tout ce qui concerne l'outillage à travailler le bois, compose la spécialité de cet établissement, qui a obtenu des diverses expositions ou sociétés savantes les récompenses suivantes :

Paris, 1855, 1re médaille. — Société d'encouragement, médaille d'or 1855 - Académie Nationale médaille d'or 1856. — Dijon 1858, 1re classe. — Toulouse 1858, 1re classe. — Bordeaux 1859, 1re classe. — Diplôme d'honneur, Troyes 1859. — Besançon 1860, 1re classe. — Metz 1861, 1re classe. — Nantes 1861, 1re classe. — Londres 1862, *Prize Medal*.

HENRY et **Cie**, inventeurs de nouveaux appareils électriques. Boulevart Montmartre, 6, à Paris, lauréat de la société des sciences industrielles de Paris, etc.

Les médecins qui se sont livrés à l'étude de l'électricité appliquée aux maladies, ont pu apprécier les ressources inespérées que ce fluide mystérieux leur a données dans le traitement d'une foule d'affections souvent rebelles à toute médication.

Tous ont constaté que la galvanisation superficielle excite énergiquement les fonctions de la peau, y développe une douce chaleur, favorise la circulation capillaire, la transpiration et les sécrétions. C'est le moyen le plus précieux, le plus efficace à opposer aux douleurs névralgiques, rhumatismales, aux paralysies de la sensibilité, etc., cas où le succès est, presque sans exception, toujours prompt et infaillible. Elle n'agit pas moins avantageusement dans la gastralgie (douleurs d'estomac), l'entéralgie (douleurs des intestins), les coliques nerveuses, les douleurs profondes de la tête, de la poitrine, du cœur, de l'utérus et des reins; dans l'amennorrhée, sur ceraines tumeurs, etc.

Les observations des docteurs Fabré-Palaprat, Sarlandière, Amussat, Sandras, Andral, Magendie, Becquerel, Duchenne, de Boulogne, ont démontré, victorieusement, tout le parti qu'on peut retirer de l'électricité.

Une nouvelle application de ce fluide au traitement des maladies est due à MM. Henry et Cie, pour l'invention de ses *appareils électriques* aussi simples dans leur construction que faciles dans leur application , puisqu'ils se composent de couples électriques prenant toutes les formes des parties malades, et recevant ainsi toutes les dimensions exigées par la diversité des cas. Nous avons vu les plaques destinées à combattre l'asthme, les paralysies, la dyssenterie, les convulsions, le mal de mer, etc., les calottes contre la migraine et diverses névralgies des cinquième et septième paires de nerfs, etc.

On comprend que ces appareils s'appliquent facilement sur la partie souffrante du corps, sur les reins, par exemple, dans le lombago, sur le creux de la poitrine, contre l'asthme, etc., et qu'ils sont appelés à rendre des services dans tous les cas où l'électricité est indiquée.

BERTRAND jeune, pharmacien-chimiste à la Demi-Lune près Lyon, auteur du *Pyromel ioduré*.

Le *Pyromel*, sucre incristallisable d'après les chimistes modernes, est un produit tertiaire du sucre, qui contient du sang de bœuf, du sulfate d'alumine et de potasse, des sels de fer à différents états, (servant à la clarification). Il est évident que le pyromel s'empare des chlorhydrate et lactate de soude, du chlorhydrate de potasse et des matières grasses contenues dans le sang de bœuf, ainsi que du sulfate d'alumine et de potasse et des sels de fer si précieux pour la thérapeutique.

Après huit années d'expériences et de recherches sur l'extraction et la composition du liquide sirupeux qui reste après la cristallisation et le raffinage du sucre (la *mélasse*), M. Bertrand jeune, pharmacien, est parvenu, à l'aide de cet agent auquel il a joint la décoction d'un grand nombre de substances sudorifiques, de bois dépuratifs, de l'iodure de potassium, etc., à composer un remède jouissant de propriétés toniques, sudorifiques, astringentes, résolutives, etc., incontestables.

Le pyromel ioduré, dont nous possédons la formule complète, doit être précieux dans le traitement des affections syphilitiques, des scrofules, des goîtres, des engorgements et indurations glandulaires, squirreux et lymphatiques; on le conseillera avec avantage dans les adénites, la blennorrhagie, la blennorrhée, la leucorrhée, l'aménorrhée, la chlose, etc.

L'association au pyromel ioduré des sudorifiques, rend son indication précise dans les inflammations musculaires (rhumatismes), la goutte, les hydropisies, les maladies exanthémateuses, diverses dermatoses, certaines névralgies causées par la suppression de la perspiration cutanée.

Enfin, les propriétés toniques du pyromel, dues au sang de bœuf qu'il contient et à divers autres principes, contribueront à augmenter la cohésion des tissus, à donner de la force, de la tonicité aux organes, à accroître la disposition à mettre en jeu les forces des corps vivants; sous l'influence du pyromel ioduré de Bertrand, le médecin verra la circulation, la digestion, la respiration et la calorification s'activer graduellement; les sécrétions s'augmenter ou se modérer lorsque leur excès dépend d'un état de faiblesse, l'absorption devenir plus prompte, et l'action musculaire plus énergique. Ce nouveau médicament prendra le rang qui lui est réservé dans la thérapeutique, comme sudorifique, il remplacera la poudre de Dower, et les préparations ammoniacales; comme dépuratif, il provoquera, au moyen des diverses sécrétions, l'expulsion des matières qui en altéraient la pureté; enfin, comme tonique, il augmentera l'activité des tissus organiques et imprimera une plus grande activité à toutes les fonctions.

DURAND (Adolphe), pharmacien chimiste à Gray, né à Oyrières (Haute-Saone), en 1834.

Il fit ses études à Besançon, où il fut reçu pharmacien en 1859. Il obtint le prix de chimie et le prix de pharmacie.

M. Durand n'était encore qu'élève en pharmacie, qu'il se fit remarquer par la publication *d'observations pratiques sur l'action du camphre et sur diverses substances lors de son mélange avec elles*.

Frappé, dans diverses circonstances, de l'action ramollissante du camphre sur diverses substances, lors de son mélange avec elles, M. Durand crut devoir tenter quelques expériences pour rechercher la cause qui donne lieu à ce phénomène. Il étudia, à cet effet, les travaux entrepris sur le même sujet par Rey, Perceval, Costet et Guillaume Camberlaine, mais il dut s'apercevoir bientôt de l'insuffisance des recherches de ces auteurs.

Plus heureux que ses devanciers, M. Durand a obtenu les résultats suivants:

« Une certaine quantité de benjoin, mêlée avec la moitié de son poids de camphre, a donné lieu à une masse qui, soumise à une légère trituration, s'est agglutinée, n'a pas tardé à prendre une consistance pilulaire, et qui enfin, au bout d'un quart d'heure, est devenue extrêment poisseuse.

« La térébentine cuite, la poix de Bourgogne, le galbanum, l'assa-fœtida, la résine élémi, le sang dragon, le baume du Pérou sec, la gomme ammoniaque, l'encens, le laudanum, la résine de gayac ont donné à peu près le même résultat que le benjoin. »

On doit à M. Durand plusieurs spécialités d'une utilité incontestée, entre autres: 1° L'*œnanthine* ou *bouquet des vins*, destinée à vieillir les vins les bonifier et augmenter ainsi leur valeur.; 2° l'*Ethérolé de Genièvre*, — si précieux dans le traitement de la gravelle, les calculs biliaires, de la goutte, des rhumatismes et sur lequel l'auteur vient de publier un excellent ouvrage.

BOYER, seul fabricant de la véritable Eau de Mélisse des Carmes, rue Taranne 14, à Paris. Voici l'extrait du *Catalogue officiel* de l'Exposition universelle de Londres, pour 1862, sur cette préparation.

La réputation séculaire de l'*Eau de Mélisse des Carmes* a fait naître une foule d'imitations de ce bienfaisant cordial. Les religieux qui la préparaient ne dévoilèrent jamais le secret de sa composition, et M. Boyer, leur successeur par actes authentiques, possède *seul* aujourd'hui sa véritable formule. Tous les composés qu'on vend sous ce nom peuvent bien avoir la mélisse pour base, mais cette plante n'est qu'un des éléments contenus dans la véritable *Eau de Mélisse des Carmes* ; la plupart des autres et les plus essentiels restent, avec sa manipulation, le secret exclusif de M. Boyer, qui ne confie jamais sa fabrication à d'autres mains qu'aux siennes propres.

S'il fallait en croire une légende fort répandue, et accueillie comme vraisemblable par les recueils les plus sérieux des sciences médicales et pharmaceutiques, l'*Eau de Mélisse des Carmes* remonterait aux premiers temps de l'histoire des Gaules, et les Carmes, qui se donnaient volontiers à la fois pour les disciples du prophète Elie et les descendants des Druides, auraient hérité directement de ces derniers du secret de sa composition. Ce qui est bien certain, c'est que, depuis plus de deux cents ans, l'usage de ce cordial est non-seulement éminemment populaire, mais que tous les traités de science médicale, tous les hommes de l'art ont reconnu et proclamé ses propriétés toniques, antispasmodiques et antiapoplectiques. Des lettres royales avaient, jusqu'en 1799, maintenu la propriété et l'exploitation exclusive aux Carmes déchaussés de la rue de Vaugirard, motivant chaque fois cette décision prise par le Roi en son Conseil, sur le rapport de la commission royale de médecine déclarant que l'*Eau de Mélisse des Carmes* était incomparablement supérieure par ses propriétés à celles composées d'après les pharmacopées, et que son utilité était démontrée.

Lorsque la Révolution s'empara du couvent de la rue de Vaugirard, les religieux, qui survivaient à leur ordre, achetèrent de l'Etat le droit d'exploiter seuls le bienfaisant cordial, se constituèrent en société civile et commerciale, et s'établirent rue Taranne, n° 14, où le dernier d'entre eux mourut en 1831, après avoir transmis tous ses droits au prédécesseur de M. Boyer, aujourd'hui seul propriétaire et seul fabricant de l'*Eau de Mélisse des Carmes*.

M. Boyer a réuni dans une intéressante monographie tous les documents qui concernent l'histoire du cordial qu'on a si souvent et si vainement cherché à imiter, qui constatent ses droits et font connaître ses propriétés hygiéniques et médicinales, que les auteurs de la médecine contemporaine ont ainsi résumées :

« Le succès de l'*Eau de Mélisse des Carmes* est la meilleure preuve qu'on puisse donner de son efficacité dans un grand nombre d'indispositions. Un produit dont l'usage va toujours grandissant depuis plus de deux cents ans doit avoir une incontestable utilité ; et, en effet, dans combien de cas n'est-il pas employé comme tonique et antispasmodique ! Dans les digestions pénibles, dans les maux d'estomac, dans les accidents nerveux, dans les faiblesses de causes et de natures diverses, l'*Eau de Mélisse des Carmes* réussit parfaitement.

« Ce n'est point un médicament, et cependant elle fait autant de bien que les meilleurs parmi ceux dont dispose la médecine.

« A ce titre, elle aurait le droit d'être recommandée, même si le temps n'en avait pas consacré l'usage.

GOSSART (Alexandre), né à Compiègne (Oise). Littérateur, membre de plusieurs sociétés savantes ; se distingue par un esprit d'invention facile à reconnaître dans ses ouvrages. Il a publié d'abord une *sténographie*, qui a eu deux éditions, et successivement, un traité de *sténarithmie* ou abréviation des calculs ; ce travail, qui forme un complément tout à fait nouveau de l'Arithmétique, est surtout remarquable par des méthodes de calcul mental. Un volume de poésies intitulé *Loissirs sérieux et futiles*, contenant des pièces de divers caractères, tels que, satyres voyage de plaisir (poème comique) naïvetés, chansons, etc. Un *Nouveau système* de notation musicale destiné à faciliter l'étude de la musique par la suppression des dièzes, des bémols et des clefs. Une *Botanique illustrée*. Une *Tenue des livres* en partie double, perfectionnée et simplifiée et un *Traité complet de la versification française*, renfermant une théorie nouvelle, complète raisonnée de la rime, des observations sur la mise en musique de la poésie, et un précis historique des progrès de la versification en France.

M. Gossart a écrit en outre un grand nombre d'articles du *Journal encyclopédique*, Dictionnaire universel des connaissances humaines ; les principaux sont : *Arithmétique abrégée, Astronomie, Calcul mental, Californie, Cheval, Chien, Comètes, Constellation, Optique, Mnémotechnie, Nébuleuses.*, etc.

MANDET, pharmacien de 1re classe, à Tarare (Rhone) lauréat de l'Institut de France etc.

On doit à M. Mandet divers travaux importants entre autre sur la *scillitine* et la *fraxinine*.

On sait que la scille possède deux propriétés fort distinctes : la première, tellement dangereuse, que ses effets physiologiques sont analogues à ceux produits par les poisons nartico-acres; la seconde, fort précieuse, au contraire, celle de provoquer la sécrétton ürinaire.

L'objet des recherches des savants qui se sont occupés de l'étude de la scille : Vogel (1812), Tilloy (1820), Lebourdais, Marais, etc., a été non-seulement l'extraction de son principe actif, mais surtout l'élimination de son principe toxique. Nul n'était parvenu à ce dernier résultat.

Dans un Mémoire remarquable adressé à l'Académie impériale de médecine, M. Mandet décrit le procédés chimiques au moyen desquels il est parvenu à obtenir :

1° La *scillitine*, complétement dépourvue de principe toxique;

2° La *fraxinine*, privée de toute astringence, et possédant la propriété de se combiner à froid avec l'iode.

Le principe immédiat de la scille, tel que l'obtient M. Mandet, se présente sous un aspect visqueux ; il est hygrométrique et légèrement acide. Son amertume est vive et franche, exempte de toute âcreté; soluble dans l'eau et l'alcool, il ne l'est point dans l'éther; les acides concentrés le dissolvent également, sans lui faire subir ni décoloration ni décompoition aucune. Projeté sur une lame de platine chauffée au rouge il se boursoufle, se décompose et laisse un dépôt charbonneux; enfin, et c'est là son caractére essentiel, il jouit à un haut degré de propriétés expectorantes et *diurétiques*.

En étudiant spécialement le *fraxinus excelsior*, M. Mandet reconnut que la fraxinine ne renfermait pas de principe alcalin cristallisable, et que son action fébrifuge était due à un principe amer, inséparable d'un acide gallique qui préexiste dans l'écorce, et qui doit aussi participer aux propriétés fébrifuges.

Ce principe amer, fébrifuge, se dissout parfaitement dans l'eau et l'alcool sans former de précipité ; l'acide sulfurique concentré le décompose lentement ; l'acide chlorydrique le dissout sans altération ; sa saveur, franchement amère, n'est nullement astringente.

La propriété de la fraxinine pure, d'opérer à froid la dissolution de l'iode et de se combiner avec lui, a une immense importance, attendu que, dans la plupart des cas, ce médicament ne doit être administré qu'à l'état de combinaisons. On sait que, suivant l'exagération de la dose ou l'emploi trop prolongé de ce métalloïde, il peut devenir la cause, suivant certaines conditions individuelles, de divers accidents (*iodisme*) capables de menacer la vie.

Les recherches de M. Mandet méritent donc la sympathie et les encouragements de tous les hommes de science.

DUMOTIER (Pierre Paul Bernard) manufacturier à Reims (Marne), né à Grougis (Aisne), le 21 octobre 1804, est l'auteur de plusieurs inventions parmi lesquelles nous citerons les *vases* et *bassins pour malades*.

On sait que les vases ordinaires, les bassins mêmes, sont incommodes pour les malades, surtout pour les hommes : que souvent il en faudrait deux, pour que d'une part, le chyme non absorbé, coloré par la bile et les mucosités intestinales pût se déverser dans le premier vase, et d'autre part, le liquide secreté par les uretères ne se répandît pas dans la couche du patient. Avec les vases de M. Dumotier les deux excrétions se font sans encombre, sans dangers pour le malade et pour ses vêtements, en un mot, d'une manière à la fois commode et hygiénique. Cette invention est des plus heureuses, et des plus utiles. Lorsque le médecin songe aux tortures des malheureux malades qui passent cinq à six semaines dans leur lit, au milieu d'atroces souffrances, lorsqu'il voit ces victimes de l'adversité se tordre dans les douleurs, passer de l'extitation à l'abattement, inonder leur couche de déjections alvines, c'est alors qu'il bénit la main susceptible d'apporter quelque bien être à cet état affreux, c'est alors qu'il serait heureux d'avoir à la disposition du patient les modèles de vases dont nous parlons. C'est donc ici un grand service rendu à l'humanité par M. Dumotier, et qui lui a valu les récompenses des corps savants auxquels il a soumis ses vases et bassins pour malades.

BARBÉ, professeur de dessin en cheveux, à Paris, auteur de portraits en miniature, de paysages en relief, etc. qui révèlent le véritable artiste. Depuis 12 ans, la maison Barbé est connue par la perfection de ses travaux et par les améliorations qu'elle a apporté à l'exécution des dessins qui lui sont confiés, dessin qui exigent autant de patience que de goût, autant de délicatesse que de conscience.

GUICHON (J. P.), pharmacien à Lyon, auteur de l'Epithème préservatif du mal de mer.

L'effet le plus étonnant et le plus inévitable de la navigation, est le *mal de mer*. Ce mal singulier, caractérisé par de la céphalalgie, des haut-le-corps, des nausées, des vomissements, avec sentiment d'angoisse inexprimable, collapsus physique et moral, qui rend inaccessible à toute espèce de sensation; ce mal, sur les causes duquel on a émis tant d'opinions, établi tant de théories, mais qu'on n'explique pas bien encore dans son étiologie; ce mal, enfin, pour la prophylaxie et la curation duquel ou a inventé tant de remèdes, ne pouvait être prévenu, en réalité, que par des précautions hygiéniques souvent infidèles.

Guidé par des idées théoriques, maintes fois contrôlées par l'expérience, M. Guichon a eu le bonheur de combler cette lacune, en créant une méthode nouvelle, aussi simple qu'efficace, tout à fait inoffensive, puisqu'elle n'exige l'emploi d'aucune médication interne.

Cette méthode se résume, dans sa plus simple expression, dans l'application d'un épithème spécifique sur le centre épigastrique (creux de estomac).

Après de nombreux essais, l'auteur de cette découverte a été amené à reconnaître que cette application, faite sur une partie d'une sensibilité aussi exquise, lui avait fourni les résultats les plus satisfaisants.

L'absorption s'y opère rapidement et tout semble démontrer que les particules médicamenteuses, après avoir calmé les spasmes de l'estomac, remontent, en suivant les voies de la circulation, jusqu'aux centres nerveux qui subissent une modification inconnue dans sa naissance, mais qui les rend impropres à subir l'influence de la cause qui engendre le mal de mer.

La théorie de M. Guichon nous paraît rationnelle. En effet, d'après François Broussais, le cerveau, habitué à l'impression d'un point d'appui fixe du corps sur le sol, est troublé par le soulèvement et l'abaissement du navire, qui alternent avec une lente monotonie. L'instinct de conservation et d'équilibre, inquiété dans ces deux sens inverses, produit dans l'encéphale une concentration nerveuse, dont les symptômes sont : une perturbation de la vue, de l'ouïe, de l'odorat, du goût, puis des nausées et des vomissements. Ces deux derniers phénomènes augmentent ou diminuent selon l'inclinaison du navire.

C'est au centre cérébro-spinal que réside le principe de la nautiésie. L'excitation de ce centre existe avant, après le vomissement, souvent seule, tandis que l'excitation gastrique n'est jamais indépendante du cerveau. C'est donc au cerveau qu'il faut adresser le traitement.

Disons qu'un nombre imposant des faits démontre la valeur thérapeutique de l'épithème préservatif du mal de mer. Du reste, c'est pour remercier l'auteur de ce précieux préservatif que S. M. le roi d'Italie lui a offert, comme témoignage de sa gratitude, la grande médaille d'argent dont il se plaît à honorer les hommes du plus haut mérite.

THIRIFOCQ, publiciste français, né à Lille (Nord) en 1816, a exercé pendant 20 ans la profession de tailleur ; son but constant à été l'étude complète de toutes les parties de l'habillement des deux sexes.

Il publie des *Journaux de modes* d'une utilité pratique incontestable, et *l'Histoire universelle du costume* qui est un véritable monument.

L'histoire du costume, au point de vue professionnel, non moins utile à l'art scénique et à l'art de se vêtir, que les Iconographies le sont aux beaux-arts, n'avait pas, jusqu'ici, été comprise. Aucune n'avait été publiée à cette fin. Il existait à une lacune.

C'est cette lacune que comblera L'HISTOIRE UNIVERSELLE DU COSTUME dont *M. Thirifocq* est l'auteur.

Cet ouvrage, unique dans son genre, est en même temps litiéraire, artistique et professionnel. Ses planches de gravures sont d'une grande beauté de dessin et de coloris, sa division, en cinq volumes correspondant à cinq grandes phases de l'humanité, et son prix réduit, 15 francs le volume, le rend accessible à tous. Ses tracés au 10ᵉ de la coupe des modèles types de chaque époque, en font un livre indispensable aux costumiers des théâtres de même qu'aux personnes qui traitent de l'habillement.

L'HISTOIRE UNIVERSELLE DU COSTUME est le corolaire, le complément de nombreux travaux auxquels l'auteur a consacré trente ans de sa vie.

Depuis 10 ans que *M. Thirifocq* dirige des JOURNAUX DE MODES, il a créé une industrie nouvelle. Sa maison rue de la Fontaine Molière 39 bis, est la seule de Paris ou l'on puisse se procurer les patrons parfaits de tous vêtements nouveaux, de dames, d'hommes et d'enfants, ainsi que des costumes nationaux et historiques.

GUISLAIN, rue Richelieu, 112, à Paris, inventeur de l'*Eau de la Floride*, composition dans laquelle entrent de l'eau distillée, du soufre, des huiles essentielles de divers laurus et un peu de sel de saturne.

Pour se rendre compte de l'action physiologique de l'*Eau de la Floride* sur les bulbes pilifères' faisons connaître la composition chimique des cheveux, d'après Vauquelin, Van Leer et Scherer.

Les cheveux noirs contiennent une *matière animale* qui en constitue la plus grande partie, du *soufre* en quantité considérable, des *phosphates* et *carbonates de chaux* (très peu) de la *silice* ainsi qu'une très petite quantité d'*huile blanche* et d'*huile grise concrète*.

Les cheveux rouges présentent la même composition, sauf la *substance huileuse* qui est *rouge.*

Enfin les cheveux blancs ne diffèrent que par la présence du *phosphate de magnésie*, qui entre dans leur composition.

Partant de ces données, examinons maintenant les causes de la décoloration des bulbes pileux ou canitie.

Quoiqu'il n'existe, à proprement parler, aucun âge positif pour déterminer l'époque à laquelle les cheveux commencent à blanchir, on a cependant remarqué que c'était vers trente-cinq à quarante ans que ce phénomène se manifestait, bien qu'il fût avancé ou reculé de beaucoup dans quelques cas exceptionnels assez fréquents ; ainsi on voit des jeunes gens avoir les cheveux très gris, tandis que des vieillards les conservent sans altération jusqu'à un âge assez avancé. La couleur des cheveux influe d'une manière assez marquée sur l'époque où commence leur décoloration : les cheveux noirs blanchissent beaucoup plus promptement que les blonds, et c'est surtout les personnes qui ont les cheveux de cette couleur, que l'on voit arriver à un âge assez avancé sans qu'ils aient acquis ce caractère de la vieillesse.

Quel que soit l'état de décoloration des cheveux, sa cause réside toujours dans le bulbe et est déterminée par la suppression de la sécrétion de l'huile animale colorée, qui donne aux cheveux leurs diverses nuances. Or, c'est la plus ou moins grande proportion de soufre qui existe dans la composition chimique des cheveux, qui produit la coloration plus ou moins foncée.

En se rappelant que l'*Eau de la Floride* est composée d'eau distillée, de soufre, d'huiles essentielles de divers laurus et d'une petite quantité de sel de saturne, nous nous rendrons compte scientifiquement de ses effets sur les tubes capillaires. Outre l'action stimulante et aromatique du soufre et des huiles de laurus, le sucre de saturne contenu dans l'*Eau de la Floride*, se combine avec le soufre des cheveux, et les ramène ainsi, peu à peu à leur nuance naturelle. Il faut à peu près de 3 à 6 semaines d'usage de cette préparation, pour obtenir la recoloration des bulbes pileux.

Que l'albinie capillaire soit naturelle ou prématurée, le résultat sera toujours obtenu par l'*Eau de la Floride*. Dans la décoloration commençante même, l'usage de cette composition est préférable à l'épilation ou arrachement des poils blanchis. Il est d'observations que les personnes qui adoptent cette pratique, voient très promptement les cheveux blancs se multiplier à côté de ceux qu'elles viennent d'arracher, attendu que l'arrachement ébranle les bulbes voisins, altère leur vitalité, et hâte par conséquent leur dégénérescence.

MAUBAN, inventeur, membre et lauréat de plusieurs académies et sociétés savantes, rue Saint Séverin 4, à Paris. — M. Mauban est un de ces patients et laborieux pionniers du progrès' qui savent allier la science à l'industrie, l'art à l'invention ; on lui doit une foule de conceptions ingénieuses, entre autres, des *burettes inversables* pour le graissage des roues des wagons de chemins de fer, des *boîtes à lait thermométriques*, des *biberons* nouveau système, un *irrigateur Eguysier* à thermomètre, etc., etc. Toutes ces inventions décèlent un homme de haute intelligence, doué d'un génie créateur développé par l'étude et la réflexion.

CHARLES JACQUES, chirurgien-dentiste, Quai de l'Ecole 22, à Paris, né dans cette ville le 7 novembre 1834. M. Charles Jacques est un de ces jeunes praticiens qui ont compris que pour exercer convenablement l'art du dentiste, il faut joindre à des études d'anatomie et de chirurgie une certaine pratique de la mécanique. En effet, outre les conseils hygiéniques que les chirurgiens dentistes sont appelés à donner pour la conservation des dents, et les prescriptions thérapeutiques ayant pour objet le traitement des affections de ces organes, ils ont encore à pratiquer plusieurs opérations dont les principales sont le *limage*, la *cautérisation*, le *plombage*, l'extraction, etc, enfin le remplacement des dents ou *prothèse*. Pour ces études, M. Charles Jacques ne pouvait être à meilleure école que chez M. Louis Regnart, dont il est l'élève et l'associé. Aussi, depuis 12 ans qu'il exerce, a-t-il pu apporter quelques perfectionnements à la prothèse dentaire et s'est-il fait remarquer par un nouveau système d'application à l'organe buccal de pièces artificielles en caoutchouc.

REGNART (J. B Louis Bruno) chirurgien dentiste, quai de l'École 22 à Paris, né dans cette ville le 4 octobre 1804.

M. Regnart qui exerce depuis 40 ans, est considéré comme un des dentistes les plus distingués de notre époque, et ce qu'il il y a de flatteur pour lui, c'est que ses confrères sanctionnent la haute opinion que le public a de son talent. Aussi prudent chirurgien qu'habile opérateur, M. Regnart est l'auteur de plusieurs perfectionnements relatifs à la prothèse dentaire, et les soins éclairés qu'il apporte non-seulement aux affections de la bouche, mais surtout à la direction de la seconde dentition, lui ont acquis une réputation méritée. Du reste, dans la longue carrière que ce praticien parcourt d'une manière si honorable, il a prouvé, par ses succès, qu'il est peu d'obstacles que l'homme intelligent et courageux ne puisse vaincre.

FAVRE (Adolphe), littérateur et poëte, membre de la société industrielle, arts et belles-lettres de Paris, est né à Lille (Nord., en 1808.

Un fait dont l'histoire s'emparera illustre sa vie : il est le promoteur de la *rentrée en France des cendres de Napoléon*. Dès le 7 août 1830, il en faisait la demande à Louis-Philippe dans une brochure intitulée : l'*Homme du rivage ou l'illustre tombeau* [1] ; dans le tome V du *Dictionnaire universel des connaissances humaines*, au mot *Invalides*, le major Paul Roques a consigné ce fait important d'après les documents les plus authentiques.

M. Adolphe Favre a publié un grand nombre d'ouvrages, parmi lesquels nous citerons : l'*Amour d'un ange*, poésies, un volume ; *le Carrefour de la croix*, roman, 2 volumes ; l'*Amour et l'argent*, idem, 2 volumes ; *le Capitaine des Archers*, idem, 2 volumes ; *la Coupe maudite*, idem, 2 volumes ; l'*OEuvre du Démon*, idem, 3 volumes ; *le Marchand d'or*, idem, 3 volumes ; l'*Epée de Saint Bernard*, idem, 3 volumes ; diverses pièces de théâtre, entre autres : *Le colonel Chabert*, drame en 5 actes ; l'*Orfèvre du Pont au Change*, drame historique en 5 actes ; *Un monsieur qui a perdu son mouchoir*, vaudeville en un acte ; *les Métamorphoses de Baugival*, vaudeville en un acte ; *la chasse à une Femme*, vaudeville en un acte. Il publie aussi depuis 1851 la *Revue Parisienne* dont il est toujours le rédacteur propriétaire.

[1] Cette brochure, imprimée par Poussin, a été vendue au profit des blessés des 27, 28 et 29 juillet, chez Terry, libraire, au Palais-Rolay.

Une foule de poésies de M. Favre ont été écrites en musique et plusieurs de ses ouvrages lui ont valu des médailles d'argent et d'or de diverses académies et sociétés savantes.

M. Adolphe Favre est un écrivain distingué, dont les ouvrages réunissent toutes les qualités du style : la pureté, la précision, le naturel, la noblesse et l'harmonie. Ses romans excitent tous l'intérêt, soit par la peinture des mœurs, soit par la régularité des événements dont ils sont remplis. Ses poésies sont douces, touchantes, écrites avec l'âme, si nous pouvons nous exprimer ainsi, et leur lecture émeut le cœur en même temps qu'elles charment l'esprit. Enfin, ses pièces de théâtre ont obtenu le juste tribu d'applaudissements dû au talent.

La *Revue Parisienne*, que rédige M. Adolphe Favre, est une correspondance littéraire des plus utiles à la presse des départements français et de quelques pays étrangers. Elle contient d'excellents romans, que les propriétaires de journaux qui ont traité avec M. Favre peuvent seuls reproduire. Cette publication n'est point une spéculation : son directeur a trop de générosité pour cela. C'est une œuvre de conviction et de talent. Nous savons d'ailleurs ce qu'il en a coûté à M. Favre pour amener la *Revue Parisienne* à la haute position littéraire qu'elle occupe. Certes, ce n'est pas un homme ordinaire que celui qui a su s'affranchir des entraves qu'on cherchait à lui opposer ; qui, luttant contre des rivalités jalouses, puissantes, redoutables, capables d'intimider un grand courage et d'épuiser une force peu commune, est sorti victorieux de ces épreuves : honneur à de tels hommes.

TUBES FULMINAIRES. — quand la foudre tombe sur des masses de sable, elle s'y enfonce et laisse sur son passage des tubes plus ou moins longs et plus ou moins étroits, dont la surface interne est vitrifiée. Les premiers tubes fulminaires furent observés en Silésie ; mais depuis cette découverte, qui remonte déjà à cent quarante ans, on a eu occasion d'en observer dans d'autres contrées sablonneuses, et l'on en a trouvé de dix mètres de long sur sept centimètres de diamètre extérieur et seize millimètres de vide ; souvent ils vont en diminuant, en allant du jour à l'intérieur de la terre. Ce phénomène n'est donc plus sujet à contestation, puisqu'il a été observé à plusieurs reprises, à de grandes distances et par différents physiciens ; mais enfin, pour le mettre dans toute son évidence, on est parvenu à faire de ces tubes, plus petits il est vrai, en déchargeant une forte batterie électrique sur du sable

BRONZE. — Alliage de cuivre et d'étain, et quelquefois de plusieurs autres métaux : de fer de zinc et de plomb.

L'art de couler le bonze, dit Rambosson, remonte à des temps fort reculés. Aristote en attribue la découverte à un certain Scyles, de Lydie, et Théophraste à Delas le Phrygien. Cet art, alors, était fort grossier ; et la fonte des statues, que l'on peut regarder comme son premier pas marquant vers quelque perfection, parait être due à Théodore et Rœcus, de Samos, qui vivaient sept cents ans avant l'ère chrétienne. Pline fait ainsi mention du bronze : « Il existe une espèce d'airain, appelée airain de forme, qui prend facilement la couleur qu'on appelle grécanique ; cette espèce d'airain est un alliage de cent parties de cuivre, de dix parties de plomb, et de cinq parties de plomb argentaire.

M. Pearson ayant analysé des lances et d'autres instruments tranchants d'origine celtique, les a trouvés composés d'un alliage dans lequel l'étain entre de 10 à 14 pour 100.

Les anciens faisaient un très-grand nombre de statues en bronze. On a trouvé à Herculanum, ville qui existait trois cents ans avant Jésus-Christ, une multitude d'objets en bronze ; les plus belles sculptures y étaient accumulées. Entre autres antiquités remarquables des fouilles de cette ville, on peut citer : les fragments des chevaux de bronze doré et du char qui avaient décoré la principale porte du théâtre, près le temple de Jupiter ; les statues en bronze de Néron et de Germanicus, dans les murs du Forum ; les statues de bonze qui ornaient une galerie circulaire au-dessus des gradins du théâtre où l'on était assemblé lors de l'erruption. Le Muséum de Portici formé par suite des fouilles d'Herculanum, de Pompéïa et de Stabia, contient un si grand nombre de statues en bronze, que tout le reste de l'Europe, dit-on, aurait peine à en fournir autant. Beaucoup, parmi elles, sont de très-fortes dimensions et présentent de grandes beautés sous le rapport de la composition, du dessin et de l'exécution. Un des monuments les plus colossaux qui existent en bronze est la colonne de la place Vendôme, fondée avec le bronze des canons d'Austerlitz, et érigée en l'honneur des armées françaises; sa hauteur est de 75 mètres, en comprenant la hauteur de la statue de Napoléon, qui la surmonte ; le poids total des diverses pièces en bronze qui la composent est de 900,000 kilogrammes. Dans l'érection de ce monument, on oublia de calculer l'effet des dilations par la chaleur du soleil ; et toutes les pièces du fût, liées fortement entre elles, formèrent une seule bande, contournée autour d'un massif cyindiquer en maçonnerie, dans lequel de forts scellements sont cramponnésà des distances très-rapprochées. Lorsque le soleil darde ses rayons sur la colonne, elle est frappée d'un seul côté verticalement dans toute sa hauteur ; le métal se dislate inégalement, et tend à forcer tous les obstacles qui s'opposent à son augmentation de volume. Dans les soirées d'été, l'abaissement de lempérature est subit et considérable, et le retrait du métal agit violemment en sens inverse de sa dilatation ; aussi, lorsque ces changements ont ieu, on entend de forts craquements dans toutes es parties de la colonne ; il se produit des ruptures qui diminuent sa solidité. Napoléon 1er avait indiqué une disposition qui eût évité cet inconvénient : c'était de former tout le fût de cylindres réunis par assises, de la hauteur des bas-reliefs, à l'aide de goujons libres

CHLOROFORME. — Produit de la distillation de l'esprit-de-vin avec le chlorure de chaux, découvert en 1831 par M. Soubeiran. M. Dumas a reconnu, en 1834, qu'il est composé de carbonne, d'hydrogène et de chlore, et en 1847, le docteur Simpson, d'Edimbourg, l'a proposé pour remplacer l'éther dans les opérations chirurgicales.

Ce composé organique renferme du carbone, de l'hydrogène et du chlore ; sa formule est C^2HCl^3IB ; il est incolore, huileux, d'une odeur éthérée et d'une saveur douceâtre. Sa densité est de 1,48 : il tombe donc au fond de l'acide sulfurique concentré, caractère qui permet d'apprécier la pureté du chloroforme. Il bout à 61° ; il ne s'enflamme que difficilement, mais il produit une flamme bordée de vert quand on brûle une mèche de coton qui en a été imprégnée. En contact avec une solution alcoolique de potasse, il se convertit en acide chlorhydrique et en acide formique. L'alcool et l'éther le disssolvent facilement, l'eau le précipite.

Il y a quelques années à peine, le chloroforme, avant l'application merveilleuse qui en a été faite comme agent anesthésique, n'était qu'un de ces innombrables produits de la chimie organique qui n'ont d'intérêt que pour les savants, en raison des réactions curieuses qui leur donnent naissance. Depuis la découverte du professeur d'Édimbourg, ce composé organique a généralement remplacé l'éther pour amener l'insensibilité pendant les manœuvres chirurgicales. Toutefois, l'éther, étant de première date, a laissé son nom au mode d'action que ces deux agents exercent sur l'organisme. Aussi dit-on, aujourd'hui, *éthériser*, *éthérisation*, de préférence à *chloroformiser*, *chloroformisation*.

Propriétés anesthésiques du chloroforme. — Comme agent anesthésique introduit par inhalation, le chloroforme, dit Bouchardat, possède tous les avantages de l'*éther* sans en avoir les inconvénients. Il faut beaucoup moins de chloroforme que d'éther pour déterminer l'insensibilité : 100 à 120 gouttes suffisent pour l'ordinaire, et chez quelques malades beaucoup moins. Son action est bien plus rapide et plus complète, et généralement plus persistante. Presque toujours, 10 à 20 aspirations suffisent et quelquefois moins. Il y a aussi économie de temps pour le chirurgien, et cette période d'excitation, qui appartient à tous les agents narcotiques, étant réduite de durée ou véritablement établie, le malade n'a pas autant de tendance à l'exhilaration et à la loquacité. La plupart de ceux qui connaissent, par une expérience antérieure, les sensations produites par l'inhalation de l'éther, et qui ont ensuite respiré le chloroforme, ont fermement déclaré que l'inhalation et les effets du chloroforme sont beaucoup plus agréables que ceux de l'éther.

On a employé le chloroforme avec un succès complet dans presque toutes les opérations chirurgicales, ablation de tumeurs, extirpation d'os nécrosés, amputation, ouverture d'abcès, débridement de hernie étranglé, etc., etc. MM. Laugier et Jobert (de Lamballe) à l'Hôtel-Dieu, Velpeau à la Charité, emploient constamment le chloroforme pour prévenir la douleur dans les grandes opérations, et les avantages immenses de ce puissant anesthésique n'ont point été, dans ces services importants, atténués par les morts subites et imprévues qui ont été signalées à plusieurs reprises, et par lesquelles l'attention du chirurgien doit toujours être éveillée [1].

Procédé opératoire pour l'éthérisation. — Verse un peu de chloroforme dans l'intérieur d'une éponge taillée en creux, ou sur un mouchoir de poche, sur un morceau de linge ou de papier, et l'appliquer par-dessus la bouche et les narines du patient, de manière qu'il soit largement respiré.

[1] En 1856, nous avons employé jusqu'à 90 grammes de chloroforme, sans accident, pour éthériser un malade atteint d'hémorrhoïdes internes. C'est l'exemple le plus frappant de tolérance du chloroforme que la science possède. (Voir l'observation que nous avons publiée à ce sujet dans *l'Abeille médicale*, (année 1857).

L'Académie de médecine, dans les conclusions du rapport sur la question du chloroforme, a posé les préceptes suivants pour éviter les accidents (irritation des voies aériennes, syncope, asphyxie) qui peuvent résulter de l'éthérisation :

1° *S'abstenir ou s'arrêter dans tous les cas de contre-indication bien avérée (affection du cœur ou des poumons) ; vérifier, avant tout, l'état des organes de la respiration ;*

2° *Prendre soin, durant l'inhalation, que l'air se mêle suffisamment aux vapeurs du chloroforme, et que la respiration s'exécute avec une entière liberté ;*

3° *Suspendre l'inhalation aussitôt l'insensibilité obtenue, sauf à y revenir quand la sensibilité se réveille avant la fin de l'opération.*

Une immense discussion a occupé pendant plusieurs mois les séances de l'Académie de médecine, en 1857, au sujet de l'*éthérisation envisagée au point de vue de la responsabilité médicale.* M. le docteur Devegie, peu satisfait des préceptes généraux qui se rattachent à l'éthérisation, s'est demandé si, au lieu de considérer comme inutile, les appareils proposés pour obtenir l'anesthésie, ces appareils ne garantiraient pas le médecin de la responsabilité qu'il peut encourir aux yeux de la loi. Cette idée de préconiser un appareil pour l'éthérisation, et alors de rendre responsable le médecin qui ne l'emploierait pas des accidents qui peuvent survenir pendant l'opération, n'a pas reçu un accueil très-flatteur au sein de l'aréopage médical. On reconnaissait l'excellence de l'intention de M. Devergie et du but qu'il avait en vue ; mais les moyens qu'il proposait, loin de servir cette bonne intention, ne faisaient, au contraire, que la paralyser et allaient droit contre elle. Un mot heureux de M. Cazeaux résumait cette impression générale : « C'était une arme terrible que M. Devergie livrait à la justice contre les médecins » Les objections ont été nombreuses ; nous allons chercher à les résumer et à les présenter dans toute leur force, comme nous nous attacherons à n'affaiblir en rien les faits et arguments présentés par M. Devergie.

L'un des orateurs qui se sont élevés avec le plus d'énergie contre les propositions de M. Devergie ; M. Larrey, dans un remarquable discours, a pris à tâche de condenser l'ensemble de toutes les objections faites par ses collègues.

La prévision du danger de l'éthérisation est difficile, a dit M. Larrey, impossible même, absolument parlant, eu égard aux aptitudes individuelles si variables pour tel genre, tel degré, telle durée, telle conséquence de l'anesthésie, et en admettant même les conditions voulues les meilleures. Que la mort ait été le résultat direct, exclusif même des inhalations de chloroforme, c'est ce que M. Larrey reconnaît avec tous les chirurgiens ; mais que, dans tous les cas signalés, la mort ait été due à la faute des opérateurs, c'est ce qu'il ne saurait admettre, assez d'exemples démontrant que diverses causes, souvent même inappréciables et tout à fait indépendantes de l'anesthésie, peuvent déterminer la mort. Il veut, en conséquence, que l'on fasse la part des influences nombreuses qui peuvent compromettre le succès de l'anesthésie, sans que l'on soit en droit de l'attribuer au mode d'application. Telles sont les idiosyncrasies offrant des prédispositions diverses aux syncopes, aux congestions cérébrales, à l'asphyxie, aux émotions morales, et surtout les aptitudes à l'éthérisation aussi variables que les aptitudes à l'ivresse alcoolique ; les affec tions concomitantes ou les complications, telles que certaines maladies des poumons, du larynx, du cœur ou des gros vaisseaux ; les contre-indications même passagères dues à un écart de régime, à l'ingestion des aliments et des boissons dans l'estomac, etc.

La mort rapide, souvent instantanée, survenue chez l'homme dans la plupart des cas signalés, suffirait à contredire la théorie de l'asphyxie admise d'une manière trop générale par M. Devergie. Elle ne saurait davantage provenir absolument d'une sorte d'intoxication, si active qu'elle puisse être. Elle paraît due principalement à l'abolion progressive des fonctions des centres nerveux par l'action stupéfiante du chloroforme. La mort, attribuée chez l'homme aux effets seuls de l'anesthésie, peut dépendre d'ailleurs des causes concomitantes, telles que la syncope, si fréquente et si redoutable chez les sujets pusillanimes placés sous l'imminence d'une opération.

La mort par asphyxie ne saurait sans doute être contestée ; mais elle ne semble pas aussi fréquente que paraît le croire M. Devergie, en admettant même les deux genres d'asphyxie qu'il distingue, à savoir : 1° asphyxie par paralysie des muscles respiratoires dans l'éthérisation prolongée ; 2° asphyxie par défaut d'air ou par une occlusion trop immédiate des ouvertures nasale et buccale. Du moment où l'asphyxie n'est pas la cause la plus fréquente de mort dans l'éthérisation, on ne saurait sans inconséquence faire prévaloir l'opportunité des appareils, en tant que leur indication serait établie sur les dangers de l'asphyxie. Allant plus loin encore, et considérant l'asphyxie comme la cause la plus rare de mort, M. Larrey, loin d'attribuer aux appareils l'avantage de prévenir l'asphyxie, pense qu'ils offrent quelquefois l'inconvénient de la provoquer.

Mais bien plus grave encore est aux yeux de M. Larrey la proposition que M. Devergie émet, comme conséquence de ces prémisses, savoir, que le médecin pourra être considéré comme responsable devant la justice, en cas d'accident, s'il ne peut prouver qu'il a employé, pour l'inhalation, des moyens qui lui permettent de prouver que la mort par asphyxie ne dépend pas de ses actes, ou, en d'autres termes, qu'il a employé des appareils propres à prévenir toute possibilité d'asphyxie. « Un tel jugement, dit-il, s'il pouvait prévaloir auprès de l'Académie, aurait les conséquences les plus regrettables, les plus malheureuses pour la responsabilité médicale vis-à-vis des tribunaux, et ne tendrait à rien moins qu'à déposséder bientôt la chirurgie de l'assistance la plus précieuse contre la douleur des opérations. »

En admettant même que la théorie de l'asphyxie ne fût pas au moins exagérée, sinon même illusoire, M. Larrey, poursuivant les conséquences pratiques qu'aurait la proposition de M. Devergie, s'est demandé si les appareils à ouverture fixe, tels que son collègue voudrait les imposer, offraient une garantie certaine contre la mort. Outre que ces appareils peuvent être mal confectionnés ou défectueux, outre qu'ils sont susceptibles de s'oblitérer ou de se détériorer, ils deviendraient souvent un embarras par la nécessité même d'en faire un usage ou d'en acquérir l'habitude. Appelés à l'improviste pour une opération grave ou douloureuse, mais accidentellement privés d'un appareil d'inhalation, les praticiens seraient fort en peine d'y suppléer par les moyens les plus simples dont ils n'auraient pas encore fait usage ; d'où des hésitations, des tâtonnements et des chances d'accidents par timidité ou par maladresse. Un chirurgien, tant soit peu exercé à l'emploi du chloroforme ainsi qu'à la pratique des opérations, connaît et apprécie trop bien toutes les difficultés, toutes les incertitudes de l'art, pour vouloir substituer à son attention, à ses mouvements, à ses yeux et à sa main, l'action aveugle d'un mécanisme artificiel. Les malades eux-mêmes n'ont pas, à beaucoup près, dans un appareil compliqué, la même confiance que dans un simple linge. Les appareils mécaniques les plus ingénieux, les plus précis, les plus exacts, pour le dosage de l'agent anesthésique et pour le passage de l'air, sont toujours les appareils dont la vue impressionne et inquiète certains malades. Enfin, plusieurs des appareils employés ont l'inconvénient de provoquer des accès de toux et de suffocation ; toutes les embouchures ne s'adaptent pas exactement à toutes les bouches, les soupapes d'aspiration et d'expiration ne sont pas toujours bien ajustées ; les orifices auxquels elles correspondent n'ont pas quelquefois des dimensions convenables : de là des effets contraires à ceux d'une bonne éthérisation.

La précision même avec laquelle fonctionnent certains appareils peut devenir un danger par la promptitude des effets, si surtout les inspirations sont ou trop fortes ou trop prolongées.

Les chirurgiens les plus exercés à l'emploi des agents anesthésiques doivent redouter, avec un appareil, de dépasser vite le moment où ils auront à suspendre l'inhalation, c'est-à-dire dès les premiers degrés de la résolution musculaire. Enfin l'appareil le meilleur, le plus parfait, soit l'anesthésimètre de M. Duroy, par exemple, ne sera jamais une garantie certaine, infaillible, contre les accidents propres ou étrangers à l'anesthésie elle-même.

En dehors de l'enceinte académique et à part ceux de ses membres qui se sont déjà prononcés contre les appareils, M. Sédillot y a renoncé La plupart des chirurgiens anglais les ont aussi abandonnés. M. Simpson les déclare inutiles. M. Porta (de Milan), M. Constantini (de Rome), et, à leur exemple, presque tous les chirurgiens de l'Italie préfèrent l'éponge ou la compresse aux différents appareils pour l'éthérisation. Le conseil de santé des armées, dans une décision sanctionnée par l'autorité militaire, a déclaré qu'on pouvait se passer d'appareils pour l'éthérisation ; et c'est ce qu'ont fait la plupart des chirurgiens de l'armée d'Orient, qui ont eu de fréquentes occasions de recourir au chloroforme.

Par contre, une éponge, une simple compresse ou un mouchoir sur lesquels on verse 1 ou 2 grammes de chloroforme, et qu'on se contente de placer à quelque distance de la bouche et du nez, de manière à laisser un passage libre et facile à l'air ambiant, en recommandant au malade de respirer naturellement et sans efforts, voilà le meilleur appareil ; c'est celui qui est devenu d'un usage vulgaire en chirurgie. Le malade s'accoutume ainsi à l'odeur et à la première impression de l'agent anesthésique, dont on augmente peu à peu la dose ; ou éloigne, on rapproche alternativement la compresse ; il suffit de surveiller le

pouls et la respiration. Nul accident ne survient ainsi, et l'éthérisation est aussi sûre que complète.

L'air, bien loin d'être intercepté par cet appareil, circule librement alentour, au-dessous et sur les côtés. Rien de plus facile, d'ailleurs, que de surveiller le libre accès de l'air dans les voies aériennes, et d'en augmenter ou d'en diminuer à volonté la quantité par le rapprochement ou l'écartement alternatifs de l'appareil simple, tandis que l'appareil composé ne garantit pas cet avantage fondamental de surveiller, de régulariser et de maintenir l'intégrité de la respiration.

Et cela est si vrai, ajoutait M. Larrey, que tous les chirurgiens des grandes villes et des grands hôpitaux qui ont un choix d'appareils à leur disposition ne s'en servent pas, ou, à de très-rares exceptions près, les ont abandonnés.

En résumé, l'emploi des appareils mécaniques, loin de diminuer ou de garantir la responsabilité médicale, l'augmenterait, la compromettrait au contraire.

Telle est la signification générale et la conclusion de l'argumentation de M. Larrey.

Cette argumentation résume, à elle seule, à peu près l'ensemble des objections qui avaient été faites au travail de M. Devergie. En effet, elle reproduit, en les groupant et en les condensant, et en leur donnant ainsi plus de force, les arguments de M. Velpeau, de M. Cazeaux, de M Jobert, de M. Cloquet, de M. Ricord, et les témoignage de quelques autres chirurgiens qui n'ont pris la parole que pour protester au nom de leur expérience personnelle contre les propositions de M. Devergie.

Il serait superflu de rappeler ici chacun de ces arguments et de ces témoignages. Presque unanimes sur tous les points, ils se résument en ceci : L'asphyxie ne joue pas dans l'éthérisation le rôle que lui attribue M. Devergie. L'usage des appareils, comme moyen de prévenir les chances d'asphyxie, ne remplirait donc pas le but qu'il se propose, et, suivant quelques-uns, il irait même plutôt contre ce but.

Les chirurgiens sont presque unanimes pour donner la préférence aux moyens simples, tels que l'éponge, la compresse ou le mouchoir, sur les appareils mécaniques plus ou moins compliqués ; et ils pensent sauvegarder par là aussi bien, sinon mieux que par le moyen proposé par M. Devergie, la sûreté des malades et leur propre responsabilité.

Voilà ce qui ressort du témoignage de la majorité des chirurgiens qui ont pris part à la discussion. Cependant, les appareils n'ont pas été unanimement repoussés. Deux orateurs, MM. J. Guérin et Robert, sans partager les opinions de M. Devergie sur l'asphyxie comme cause possible d'accident, et en se plaçant à un point de vue différent et même opposé à certains égards, ont néanmoins préconisé l'usage des appareils.

Il est curieux, du reste, qu'après de longues et nombreuses séances consacrées par l'Académie de médecine à la discussion de cette question, ce tribunal suprême ait adopté la naïve proposition suivante :

Dans l'état actuel de la science, on peut se servir ou non d'appareils ; le moyen d'éthérisation peut être laissé au choix du médecin ou du chirurgien.

Cela nous prouve une fois de plus que la science se fait peu à peu ; que rarement les discussions académiques résolvent les grandes questions, et qu'il appartient au temps, au temps seul, d'avoir cet avantage.

Le corps médical eût été bien plus satisfait, dans cette circonstance, de voir l'Académie aborder la question des moyens à employer contre les accidents causés par le chloroforme. Les seuls moyens signalés sont :

1° *L'insufflation de bouche à bouche.* (Ricord.)

2° *L'action de plonger deux doigts profondément dans la gorge jusqu'à l'entrée de l'œsophage.* (Escalier.)

3° *L'inspiration du gaz oxygène.* (Duroy.)

Il est un quatrième moyen, que nous trouvons à peine conseillé, et qui devrait être mis en première ligne : c'est l'*électricité*.

En 1851, dans un mémoire adressé à l'Académie des sciences, et contenant la relation de nombreuses expériences exécutées sur des chiens en 1848, et d'un fait observé sur l'homme, M. le docteur Abeille démontrait, on cherchait à démontrer, que la mort par le chloroforme est le résultat d'une intoxication du système nerveux ; que la cessation de la respiration et de la circulation n'est que le résultat de cette intoxication ; que les poumons et le cœur ne subissent pas d'influence directe de la part de l'agent anesthésique, au moins dans la majorité des cas, et que l'électricité est le plus puissant moyen de rappeler la vie quand les accidents par le chloroforme ne se sont pas produits.

En 1852, M. Jobert (de Lamballe) faisait les mêmes expériences sur les animaux, et arrivait, quant à l'action de l'électricité, à peu près aux

mêmes conclusions. Peu après s'ouvrait la discussion sur le chloroforme devant la Société de chirurgie. M. Robert était rapporteur. Toutes les expériences furent reprises une à une par ce chirurgien, à l'hôpital Beaujon, et l'électricité donna, dans ces expériences, les mêmes résultats que ceux obtenus par le docteur Abeille.

Pour le docteur Lecoy, chirurgien de la marine, et pour quelques autres praticiens, l'électricité est le moyen le plus énergique à mettre en usage dans les cas de mort immédiate par le chloroforme ; aussi sommes-nous persuadé, pour notre part, que cette méthode jouira, dans un avenir peu éloigné, d'une faveur que son importance seule lui aura acquise.

Quel est le mode d'action des anesthésiques par inspiration ?

Plusieurs théories récentes ont été tentées pour l'expliquer : *les éthers*, a-t-on dit, *exerceraient directement une action singulière sur le système nerveux ; les autres phénomènes seraient consécutifs ;* mais aucune démonstration ne peut rendre compte de cette théorie.

Selon M. Édouard Robin, *le pouvoir des anesthésiques se comprend par une action exercée sur l'hématose, tandis qu'on ne leur connaît aucune action sur le système nerveux qui puisse rend e compte des phénomènes produits.* — La vapeur d'éther, dit cet habile chimiste, inspirée en quantité suffisante avec l'air atmosphérique, s'oppose d'une manière notable à la transformation du sang noir en sang rouge. Elle fait donc que le sang rouge, dont l'action stimulante entretiendrait la vie, est en grande partie remplacé dans les organes par le sang noir, qui exerce sur eux une action stupéfiante. De là l'insensibilité et les autres phénomènes qu'on observe dans le cas où l'expérience est bien conduite.

M. Robin a voulu expliquer pourquoi l'éther empêche la conversion du sang noir en sang rouge. Il agirait ainsi, selon lui, parce qu'il s'oppose à l'imprégnation du sang par une quantité d'air aussi considérable que dans l'état normal, et parce qu'il brûle en prenant l'oxygène qui, sans cette combustion, servirait à produire l'hématose.

De nombreuses expériences, faites par les grands maîtres, ont démontré que, lorsqu'un sang noir convenablement désoxygéné arrive dans les organes à la place du sang rouge, il produit l'insensibilité et la perte de la contractilité. Or, tels sont les effets que l'éther détermine quand il pénètre à dose suffisante dans la circulation. Et ce qui prouve que l'action de l'éther sur le sang est primitive, c'est, d'abord, qu'à l'occasion de sa vapeur il pénètre nécessairement dans la circulation moins d'air, conséquemment moins d'oxygène que dans l'état ordinaire, et que l'effet est d'autant plus marqué, toutes choses égales, que la température est plus élevée ; c'est, en outre, que, l'éther pouvant, à la température ordinaire et surtout au contact des tissus, s'oxyder par l'oxygène libre, il est impossible que, dans la circulation, au contact des matières animales très-divisées et en voie de combustion lente, ce fluide n'éprouve pas une oxygénation qui, suffisamment abondante, nuirait à l'hématose ; c'est d'ailleurs que les effets physiologiques produits par l'éther, quand il pénètre à dose convenable dans la circulation, sont ceux qui résultent de l'absence de conversion du sang noir en sang rouge ; c'est, enfin, que les autopsies opérées à la suite d'empoisonnement par l'éther ont fait voir que l'état des organes est celui qu'on observe à la suite des asphyxies : le sang est noir, fluide, et il engorge les poumons, le foie, la rate, enfin tout le système vasculaire à sang noir.

Ainsi, d'une part, la circulation du sang noir dans les organes à la place du sang rouge rend compte de l'éthérisation ; d'autre part, les propriétés physiques et chimiques de l'éther rendent cette circulation nécessaire, et les autopsies faites tendent à montrer qu'elle a lieu en réalité.

On a voulu substituer, en 1857, un nouveau produit (l'amylène) au chloroforme [1] ; mais, malgré des expériences concluantes sur son action anesthésique, les accidents auxquels il a donné lieu ont démontré qu'il ne l'emportait nullement sur l'éther et sur le chloroforme.

PAPIER CARBONIFÈRE. — Depuis longtemps on se sert de la poudre de charbon pour décolorer les liquides, pour absorber les gaz méphytiques, L'industrie a fait de cette substances le plus grand usage ; mais on était loin d'avoir tiré de cette application tous les avantages qui peuvent en résulter.

M. J.-A. Pichot et M. Malapert, pharmacien, professeur à l'école de médecine de Poitiers, sont parvenus, après de nombreux essais, à résoudre un problème des plus intéressants. Grâce à leurs recherches, on peut désinfecter la plaie la plus repoussante, et, de plus, obtenir promptement les cicatrisations les plus difficiles dans le cas de gangrène ou d'ulcères.

Nul charlatanisme ne préside à l'exploitation d'un produit parfaitement compréhensible. Ces dignes inventeurs n'ont reculé devant aucune exigence. Il s'agissait, une fois reconnue la propriété qu'a la cellulose d'exalter les propriétés absorbantes du charbon, de combiner ensemble ces deux éléments. Cela fut obtenu par la fabrication d'un papier spécial composé, mi-partie de chiffon lavé et préparé convenablement, et mi-partie de charbon lavé et passé au tamis. Rien n'était moins facile que d'obtenir un produit satisfaisant à toutes les indications.

Un carré de papier carbonifère, placé entre deux feuillets de papier Joseph, peut être appliqué sur un vésicatoire ; il se dessèche si l'on n'a pas soin de l'entretenir. Ce résultat inattendu a fait songer à employer ce moyen dans la cicatrisation des plaies. On a très-bien réussi.

Poussant l'application à ses dernières limites, les inventeurs ont fait une charpie carbonifère, en divisant le papier ainsi apprêté. Cette opération donne la charpie la plus moelleuse qu'on puisse imaginer. Elle est de la plus grande ressource dans le pansement de vastes chapiers remplis de sanie et de suppuration. On peut, au besoin, la renfermer dans des petits sachets, à travers les mailles desquels l'action s'opère sans difficulté.

Il résulte des diverses expérimentations médicales qui ont été faites dans plusieurs hôpitaux de Paris et de la province et de nombreuses attestations de savants docteurs, la plupart professeur :

Que ces *papiers* et *charpies carbonifères* sont appelés à rendre des services réels, en détergeant les plaies de mauvaise nature, leur donnant un meilleur aspect, les *désinfectant* et facilitant même leur cicatrisation.

La propriété désinfectante de cette charpie-carbonique est si puissante, que les inventeurs ont songé à en faire l'application à des SUAIRES... voulant ainsi atténuer toute émanation putride, en attendant la levée du corps, bienfait qui sera apprécié grave question qui intéresse à un haut degré l'hygiène et l'humanité.

[1] *L'amylène* a été décrit pour la première fois en 1844 par un chimiste français, E Balard, professeur à la Faculté des sciences. C'est un liquide incolore, très-volatil, qu'on obtient en distillant un mélange d'alcool amylique (essence de pomme de terre) sur du chlorure de zinc. Il est à l'alcool amylique (essence de pomme de terre) ce que l'ethylène (gaz oléfiant) est à l'alcool ordinaire. L'amylène parfaitement pur est seul applicable à la pratique de l'anesthésie ; car, lorsqu'il n'est pas bien préparé, il conserve une odeur repoussante de naphte. C'est M. Snow, médecin anglais, qui l'a introduit dans la pratique ; il l'a employé, pour la première fois, le 10 novembre 1855, pour l'extraction de dents chez des jeunes gens. — La durée de l'inhalation est en moyenne de 5 à 6 minutes, la dose de 4 à 6 grammes, et le retour à la sensibilité très-rapide.

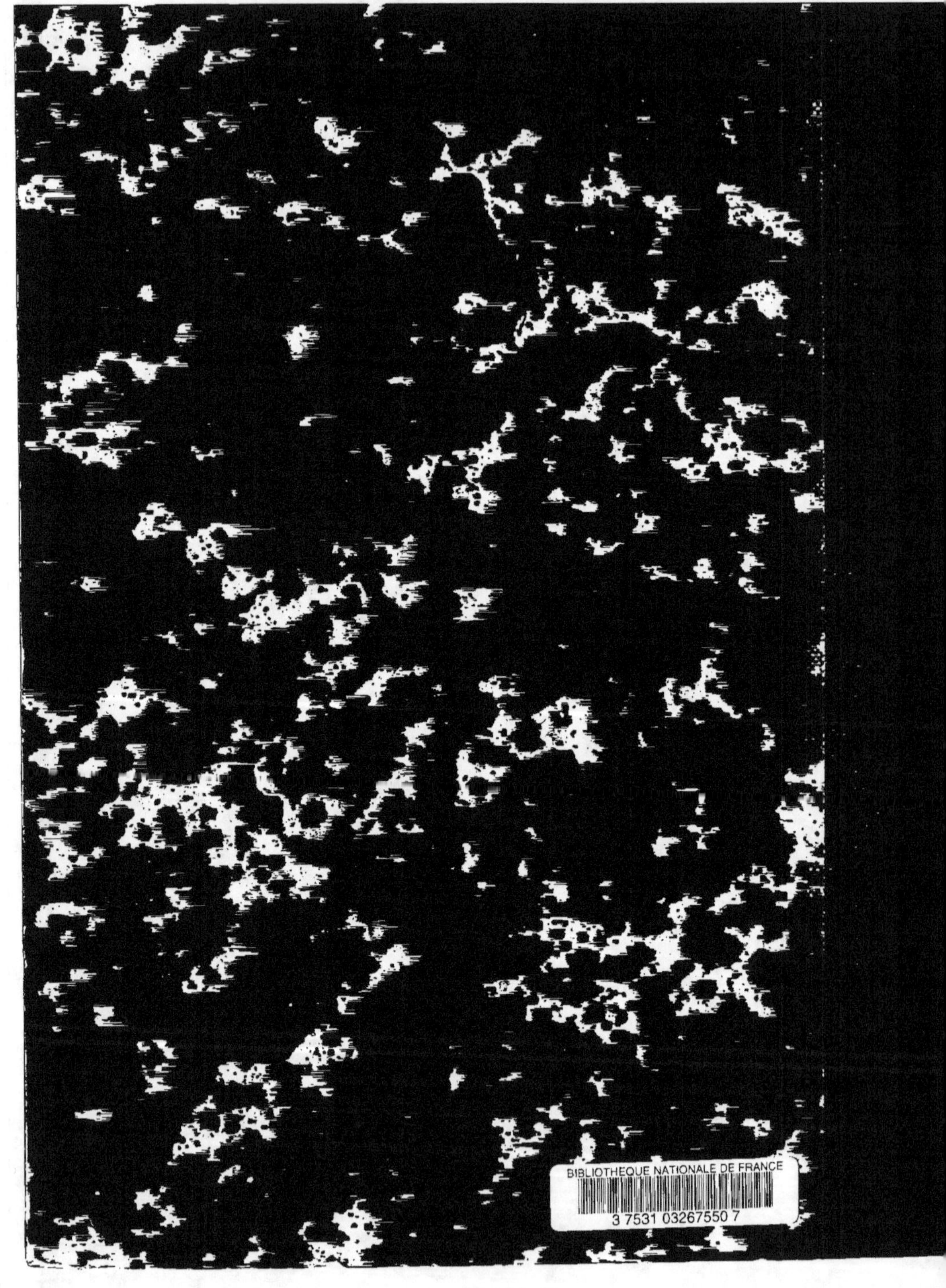

BIBLIOTHEQUE NATIONALE DE FRANCE
3 7531 03267550 7